L'encyclopédie du bricolage

BLACK&DECKER

Plomberie
projets et réparations

 Broquet

97-B, Montée des Bouleaux, St-Constant Qc, Canada, J5A 1A9
Tél. : (450) 638-3338 / Télécopieur : (450) 638-4338
Site Internet : www.broquet.qc.ca
Courriel : info@broquet.qc.ca

Contenu

Introduction

Avant-propos 5
Plomberie de la maison 6
Le système d'alimentation en eau 8
Le système d'égout, de renvoi
et de ventilation 9

Outils et matériaux

Outils pour la plomberie 10
Matériaux de plomberie.....................14
Les raccords de plomberie 16
Travailler avec le cuivre 18
Couper et souder le cuivre 20
Les raccords à pression 26
Les raccords à collet 28
Utilisation des plastiques 30
Coupe et raccordement
des plastiques 32
Travailler avec l'acier galvanisé 38
Travailler avec la fonte 42

Les robinets

Les robinets : problèmes
et solutions......................................47
Réparer les robinets qui fuient 48
Réparer un robinet à bille 50
Réparer un robinet à cartouche.........52
Réparer un robinet à rondelle 54
Réparer un robinet à disques 58
Réparer un robinet mélangeur 60
Installer valves d'arrêt
et tuyaux d'entrée 64
Réparer les gicleurs
et les aérateurs 66
Réparer les valves et les robinets
extérieurs 70

Données de catalogage avant publication (Canada)

Vedette principale au titre:

Plomberie: projets et réparations

(L'encyclopédie du bricolage)
Comprend un index.

Traduction de: Home plumbing projects & repairs.

ISBN 2-89000-540-2

1. Plomberie - Manuels d'amateurs. 2. Plomberie - Réparations - Manuels d'amateurs. I. Black & Decker Corporation (Towson, Mar.). II. Collection: Encyclopédie du bricolage (Saint-Constant, Québec).

TH6124.H64514 2001   696'.1   C2001-940907-9

© Creative Publishing International, Inc. 1993
all rights reserved

Cette édition en langue francaise est publiée par
Broquet Inc. avec l'assistance de Jo Dupre BVBA
Copyright © Ottawa 2001

Dépôt légal — Bibliothèque nationale du Québec
4e trimestre 2001

ISBN 2-89000-540-2

Cabinets et drains

Les problèmes courants
de cabinets 73
Les ajustements mineurs 74
Réparer un cabinet qui coule 75
Réparer une cuvette qui fuit 80
Déboucher et réparer les drains 84
Déboucher un lavabo 85
Réparer le renvoi d'un évier 87
Déboucher un cabinet........................90
Déboucher les renvois de douches....91
Réparer les renvois de baignoires 92
Nettoyer un siphon collecteur...........94
Déboucher des renvois de plancher ..95
Déboucher les collecteurs 96
La plomberie du bain et
de la douche 98

Baignoires et douches

Réparer un robinet à
trois poignées.................................100
Réparer un robinet à
deux poignées 102
Réparer la manette de commande de
la baignoire et de la douche 104
Réparer et remplacer les pommes de
douche 106

Chauffe-eau

Réparer un chauffe-eau 108
Réparer un chauffe-eau au gaz 110
Réparer un chauffe-eau électrique ..112
Remplacer un chauffe-eau.............114

Réparations d'urgence

Réparer des tuyaux éclatés
ou gelés..122
Assourdir les bruits dans
la tuyauterie...................................124

Index 126

Infographie : Brigit Lévesque, Marie-Claude Lévesque,
Anie Gendreau

Éditeurs : Antoine Broquet

**Pour l'aide à la réalisation de son programme éditorial,
l'éditeur remercie :**

Le Gouvernement du Canada par l'entremise du Programme d'Aide au
        Développement de l'industrie de l'Édition (PADIÉ) ;
La Société de Développement des Entreprises Culturelles (SODEC) ;
L'Association pour l'Exportation du Livre Canadien (AELC).

Avant-propos

Les systèmes de plomberie ainsi que les appareils qui y sont rattachés sont très sollicités. Avec le temps, les robinets fuient, des débris obstruent les tuyaux et les appareils connaissent des problèmes de vieillissement. Dans la plupart des cas, il est possible de faire les réparations soi-même et d'économiser ainsi des coûts d'honoraires professionnels.

Le présent ouvrage constitue un guide complet de réparations, qui permettra aux bricoleurs d'aborder virtuellement tous les problèmes de plomberie. Grâce aux conseils de maîtres-plombiers et aux photographies en couleurs décrivrant chaque étape des travaux à effectuer, L'Encyclopédie du bricolage *Black & Decker* vous met sur la voie de la réussite.

Pour vous aider à comprendre et à visualiser le système de plomberie de votre maison, nous vous en montrons une vue éclatée, où tous les conduits sont identifiés par un code de couleur, et nous incluons une description détaillée de leur rôle. Vous serez donc en mesure d'établir un diagnostic et de planifier d'éventuels travaux de réparations.

Vient ensuite une présentation des outils couramment utilisés pour la plomberie, tant manuels qu'électriques ou très spécialisés. Consultez cette section pour déterminer vos besoins en un clin d'œil.

La partie suivante, qui porte sur les matériaux, vous sera des plus précieuses. Vous y trouverez l'éventail complet des types de tuyaux et de raccords disponibles, ainsi que la façon de les couper, de les ajuster, de les réparer et de les remplacer. Bien que nous ne puissions pas connaître chaque situation particulière et prévoir la configuration de tous les différents systèmes, ce tour d'horizon vous apportera les connaissances et le savoir-faire nécessaires pour réussir vos travaux de réparations ou de remplacement.

Ce livre est essentiellement consacré aux différents problèmes de plomberie qui peuvent survenir dans la plupart des maisons. Le chapitre portant sur la réparation des robinets est l'un des plus complets et accessibles jamais publié. Vous y trouverez tout ce qu'il faut savoir pour entretenir et réparer les cabinets, ainsi que tous les types de siphons, de baignoires et de douches. Les chauffe-eau, électriques ou au gaz, n'auront plus de secrets pour vous. Enfin, des douzaines de trucs et d'astuces de professionnels viennent s'ajouter à ce contenu pour vous faciliter la vie et vous permettre d'envisager avec confiance tous les travaux de plomberie.

Avis aux lecteurs :

Ce livre offre une foule d'informations pratiques, mais nous ne pouvons présumer de toutes les conditions de travail et des caractéristiques de vos matériaux ou de vos outils. Votre jugement et votre souci de la sécurité vous permettront d'adapter les différentes techniques à vos besoins. Tenez compte de vos capacités ainsi que des indications et conseils sécuritaires associés aux différents matériaux et outils illustrés dans ce livre. Ni l'éditeur, ni *Black & Decker*ᴹᶜ n'assument la responsabilité des dommages matériels ou corporels pouvant découler de l'utilisation inadéquate des renseignements fournis dans ce volume. Les renseignements contenus dans ce livre sont conforme au Code de plomberie qui avait cours au moment de sa publication originale. Vérifiez les exigences des permis de construction, des codes et autres lois s'appliquant à votre projet auprès des services compétents de votre municipalité.

Plomberie
de la maison

Comme elle est presque entièrement cachée à l'intérieur des murs et des planchers, la canalisation de plomberie apparaîtra à certains comme un labyrinthe fort complexe de tuyaux et de raccords! Pourtant, il n'en est rien. Pour réaliser des économies appréciables, tout bon bricoleur doit en connaître les éléments et le fonctionnement pour être en mesure d'effectuer lui-même les réparations et de veiller à son entretien.

Une installation de plomberie domestique conventionnelle est constituée de trois sections de base : un réseau d'approvisionnement d'eau, des appareils sanitaires et électriques, et enfin un réseau d'évacuation. Ces trois sections sont clairement illustrées sur la photo ci-contre.

L'eau potable est amenée à la maison à partir d'un aqueduc, d'un puits ou autre source, par le biais d'un tuyau d'alimentation (1). Il arrive souvent que l'eau fournie par une municipalité passe par un compteur d'eau (2) qui enregistre la quantité d'eau consommée. Une famille de quatre personnes utilise en moyenne 400 gallons d'eau par jour!

Une fois à l'intérieur de la maison, le tuyau d'alimentation rencontre un tuyau de branchement (3) relié au chauffe-eau (4), créant ainsi deux systèmes : d'eau chaude et d'eau froide. Habituellement, ces deux systèmes de tuyauterie sont installés en parallèle dans la maison, pour alimenter les appareils sanitaires et électriques. Les appareils sanitaires comprennent les éviers, les baignoires, les douches, les cuves de lessive. Les appareils électriques quant à eux comprennent les chauffe-eau, les lave-vaisselle, les laveuses

à vêtements, les broyeurs, etc. Les toilettes et les prises d'eau extérieures ne sont alimentées que par l'eau froide.

L'alimentation en eau de ces appareils est contrôlée par des robinets et des valves. Ces accessoires sont munis de pièces mobiles et de dispositifs d'étanchéité qui peuvent s'user avec le temps, ou se briser. On peut facilement les réparer ou les changer.

L'eau usée circule par le réseau d'évacuation. Elle entreprend son trajet en passant par un siphon (5), un tuyau en forme de U conçu pour retenir une garde d'eau qui empêche le passage des gaz mais non l'écoulement des liquides. Tous les appareils sanitaires doivent être branchés sur un siphon.

Le réseau d'évacuation fonctionne par simple gravité, en permettant aux eaux usées de s'écouler à travers une série de tuyaux de large diamètre. Ces tuyaux d'évacuation sont reliés au réseau de ventilation (6). Celui-ci leur procure l'air nécessaire pour empêcher que ne se forme une succion qui ralentirait ou arrêterait l'écoulement libre de l'eau dans les tuyaux. Les conduites de ventilation sont habituellement reliées à la colonne de ventilation principale, dont le sommet est chapeauté par la prise d'air du toit (7).

Toutes les eaux usées atteignent finalement la colonne d'évacuation et de ventilation primaire (8). A sa base, cette colonne se courbe pour devenir ce qu'on appelle le collecteu principal (9), qui rejoint le branchement d'égout de la municipalité situé à l'extérieur de la maison. Le collecteur peut aussi être branché à une installation septique.

Le compteur d'eau et la valve d'arrêt principale sont situés là où le tuyau de branchement d'eau pénètre dans la maison. Le compteur appartient à la municipalité. Si ce compteur présentait des signes de défectuosité, communiquez avec les services d'approvisionnement en eau.

(7) Prise d'air du toit

(8) Colonne de ventilation et d'évacuation primaire

(6) Colonne de ventilation secondaire

(5) Siphon

(4) chauffe-eau

(3) Tuyau de branchement

Collecteur d'évacuation

Valve d'arrêt principale

(2) Compteur d'eau

Tuyauterie d'alimentation d'eau chaude

Tuyauterie d'alimentation d'eau froide

Tuyauterie d'évacuation

Tuyauterie de ventilation

Siphon de sol

(1) tuyau de branchement d'eau (d'alimentation)

(9) Collecteur principal

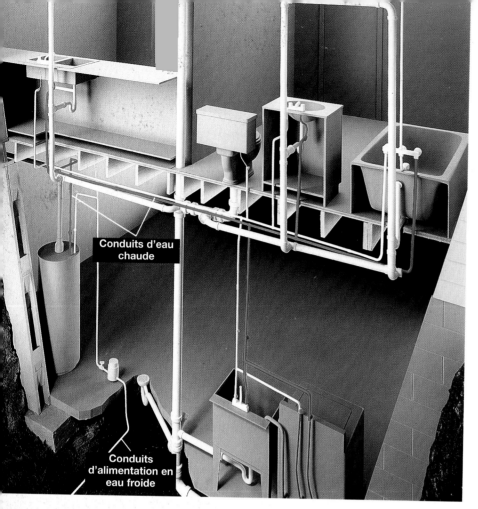

Conduits d'eau chaude

Conduits d'alimentation en eau froide

Le système d'alimentation en eau

Les conduits d'alimentation transportent l'eau chaude et froide partout où c'est nécessaire dans la maison. Les constructions d'avant 1950 étaient pourvues d'une tuyauterie en acier galvanisé. Les maisons plus récentes sont parcourues de tuyaux de cuivre, et les plastiques s'imposent à mesure que les différents codes de plomberie les acceptent.

Tous ces tuyaux sont faits pour résister à la pression du système d'alimentation en eau. Ils ont un faible diamètre, de 1/2" à 1", et sont pourvus de raccords solides et étanches. Les conduits d'eau froide et chaude parcourent la maison en tandem. Habituellement, ils sont logés dans les cavités des murs ou encore attachés aux solives de plancher.

Les tuyaux d'alimentation en eau chaude et froide sont branchés à des appareils tels les éviers, bains, douches, lave-vaisselle et laveuses à vêtements, entre autres. Les cabinets et les robinets pour boyau d'arrosage sont seulement alimentés d'eau froide.

Par tradition, les conduits et robinets d'eau chaude sont placés à gauche, tandis que l'eau froide se trouve à droite.

En raison de la forte pression d'eau, les fuites sont le problème le plus courant. Ceci est particulièrement vrai pour les tuyaux d'acier galvanisé, qui résistent mal à la corrosion.

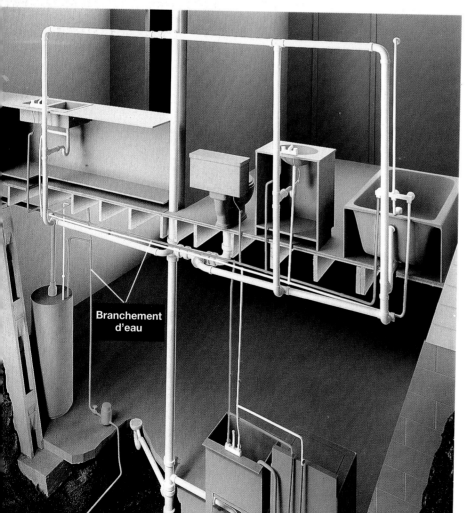

Branchement d'eau

Le système d'égout, de renvoi et de ventilation

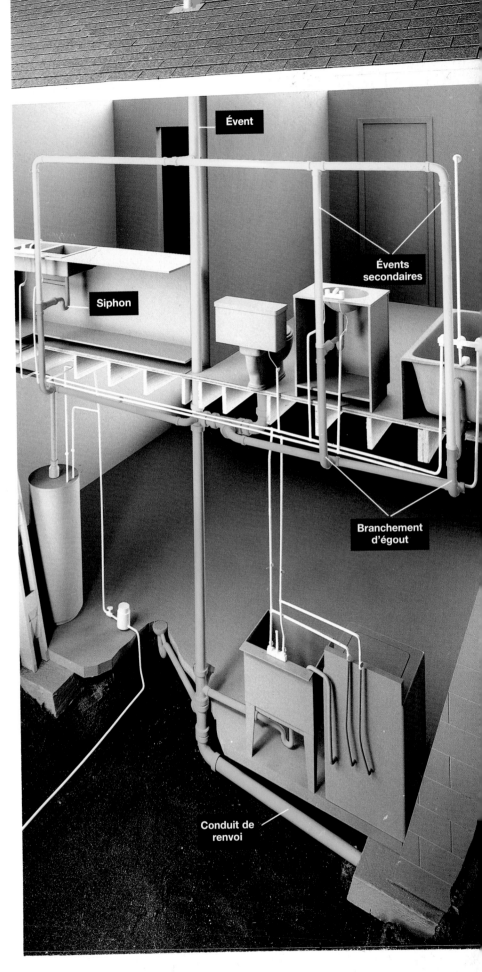

Évent

Évents secondaires

Siphon

Branchement d'égout

Conduit de renvoi

C'est par gravité que les tuyaux de renvoi transportent les débris provenant des différentes installations et des appareils sanitaires. Les eaux usées sont ainsi acheminées vers le système d'égout municipal ou une fosse septique.

Les tuyaux de renvoi sont surtout faits de matière plastique ou de fonte. Dans les vieilles maisons, on en trouvera parfois en cuivre ou en plomb. Comme ils ne font pas partie du système d'alimentation, les risques pour la santé sont inexistants. Cependant, de nos jours, on ne fabrique plus de tuyaux de plomb pour utilisation domestique.

Les tuyaux de renvoi ont des diamètres variant de 1 1/4" à 4", ce qui facilite l'écoulement des eaux usées.

Les siphons jouent un rôle important dans le système d'évacuation. Ces tuyaux courbés, qui se trouvent près des ouvertures de renvoi, retiennent une certaine quantité d'eau qui empêche le retour des gaz. L'eau qu'ils contiennent se renouvelle à chaque utilisation.

Pour fonctionner adéquatement, le système de drainage a besoin d'un appel d'air permettant la libre circulation des eaux usées. À cet effet, les tuyaux de renvoi sont branchés à des tuyaux d'évent essentiels au système d'évacuation, qui se nomme en anglais *DWV*, pour drain, waste and vent system. Un ou deux appels d'air, situés sur la toiture, procurent l'air nécessaire au fonctionnement du système.

Outils pour la plomberie

La plupart des projets de plomberie peuvent être réalisés avec des outils de base que vous possédez sans doute déjà. L'ajout de quelques outils de plomberie vous permettra de réaliser tous les projets proposés ici. Quant aux outils nettement spécialisés (comme un coupe-tube de tonte ou un diable), vous pourrez les trouver dans un centre de location.

Prenez bien soin de vos outils. Nettoyez-les avec un linge doux, après utilisation, pour enlever la saleté et la poussière. Pour prévenir la rouille des outils de métal, frottez-les avec un chiffon imbibé d'huile domestique. Si l'outil est mouillé, séchez-le immédiatement et frottez-le avec un linge huilé. Gardez toujours votre coffre à outils bien rangé.

Le pistolet à calfeutrer (demi-cylindre) est conçu pour recevoir des cartouches de calfeutrage ou de colle. En actionnant la gâchette, une tige de pression dentelée fait sortir un joint continu de pâte à calfeutrer ou de colle, par le bec.

un **vérificateur de circuit** s'avère un outil indispensable pour savoir si une prise électrique est sous tension ou non.

Une **lampe de poche** est très utile pour procéder à l'inspection des ouvertures de tuyaux ou de renvois.

La **clé à cliquet** est utilisée pour serrer ou desserrer les boulons et les écrous. Elle est munie d'un jeu de douilles s'adaptant aux différents calibres de boulons et d'écrous.

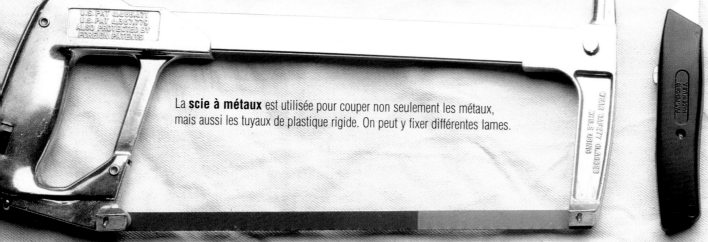

La **scie à métaux** est utilisée pour couper non seulement les métaux, mais aussi les tuyaux de plastique rigide. On peut y fixer différentes lames.

La petite **brosse métallique** possède des poils de cuivre souples pour nettoyer les métaux sans les endommager.

Le **ciseau à froid** est utilisé conjointement avec un marteau à panne ronde pour couper ou faire éclater les tuiles de céramique, le mortier ou les métaux trempés.

Le **couteau à araser** est muni d'une lame de rasoir permettant de couper les matériaux les plus divers et est très utile pour ébarber les tuyaux de plastique. Par mesure de sécurité choisissez un couteau avec lame rétractable.

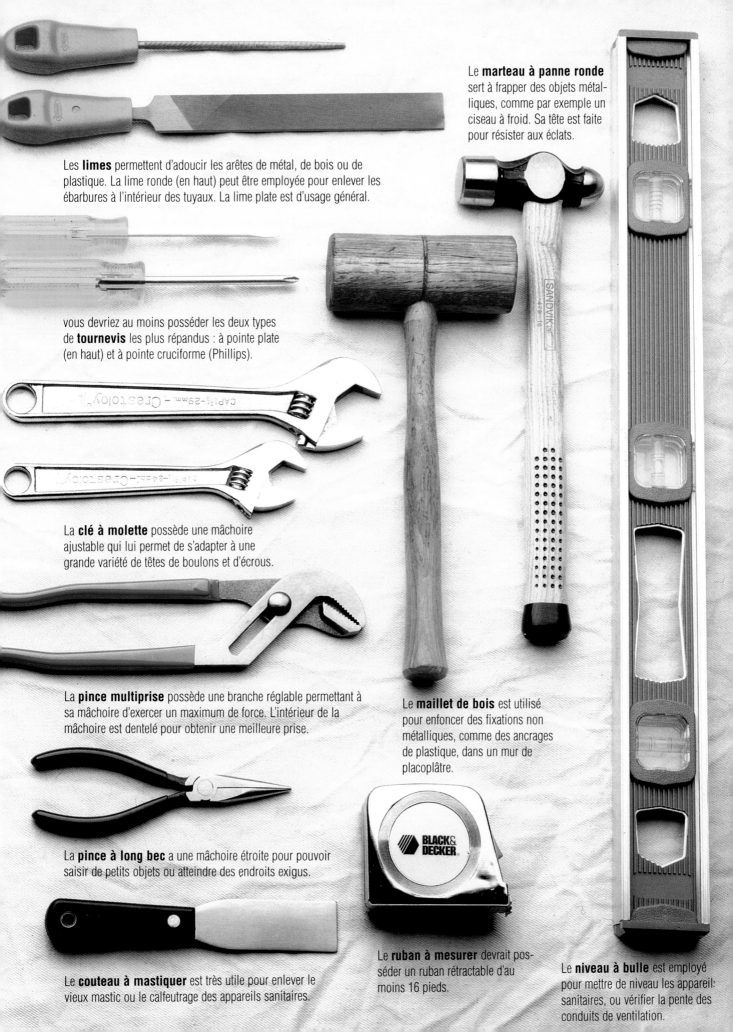

Les **limes** permettent d'adoucir les arêtes de métal, de bois ou de plastique. La lime ronde (en haut) peut être employée pour enlever les ébarbures à l'intérieur des tuyaux. La lime plate est d'usage général.

vous devriez au moins posséder les deux types de **tournevis** les plus répandus : à pointe plate (en haut) et à pointe cruciforme (Phillips).

La **clé à molette** possède une mâchoire ajustable qui lui permet de s'adapter à une grande variété de têtes de boulons et d'écrous.

La **pince multiprise** possède une branche réglable permettant à sa mâchoire d'exercer un maximum de force. L'intérieur de la mâchoire est dentelé pour obtenir une meilleure prise.

La **pince à long bec** a une mâchoire étroite pour pouvoir saisir de petits objets ou atteindre des endroits exigus.

Le **couteau à mastiquer** est très utile pour enlever le vieux mastic ou le calfeutrage des appareils sanitaires.

Le **marteau à panne ronde** sert à frapper des objets métalliques, comme par exemple un ciseau à froid. Sa tête est faite pour résister aux éclats.

Le **maillet de bois** est utilisé pour enfoncer des fixations non métalliques, comme des ancrages de plastique, dans un mur de placoplâtre.

Le **ruban à mesurer** devrait posséder un ruban rétractable d'au moins 16 pieds.

Le **niveau à bulle** est employé pour mettre de niveau les appareils sanitaires, ou vérifier la pente des conduits de ventilation.

Le **coupe-tuyau** sert à faire des coupes nettes dans les tuyaux de plastique ou de cuivre. Il comporte souvent un alésoir qui sert à enlever les ébarbures résultant de la coupe.

Le **débouchoir de cuvette** fera son chemin là où un débouchoir de caoutchouc est insuffisant. Son manche est muni d'une manivelle à une extrémité, et d'un dégorgeoir à l'autre. La courbe du manche permet d'accéder au siphon de la cuvette. Un manchon de caoutchouc protège la cuvette des égratignures.

La **pince coupante** pour tuyaux de plastique s'apparente à un outil à émonder et sert à couper les tuyaux de plastique flexibles.

La **clé à écrou** est conçue pour resserrer ou dévisser les écrous de diamètres variant entre 2" et 4". Les extrémités crochetées permettent de saisir les angles de l'écrou et d'assurer ainsi la prise.

Le **débouchoir de caoutchouc** permet de déloger les obstructions par pression d'eau. Le débouchoir muni d'une bride, tel qu'illustré, se prête bien au travail dans les cabinets. Il est toujours possible de replier la bride pour déboucher les renvois d'éviers, de douches et de planchers.

Le **débouchoir manuel,** connu aussi sous le nom de serpentin, est utilisé pour dégager les débris dans les renvois. Le débouchoir est actionné par la manivelle, et la poignée vous permet d'exercer une pression sur le câble.

Le **gicleur à expansion** s'attache à un boyau d'arrosage et repousse les débris qui obstruent le renvoi par le biais de puissants jets d'eau. Il est surtout utilisé pour les renvois de plancher.

Le **chalumeau au propane** (à gauche) sert à souder les raccords des tuyaux de cuivre. Un briquet d'allumage permettra de travailler de façon sécuritaire.

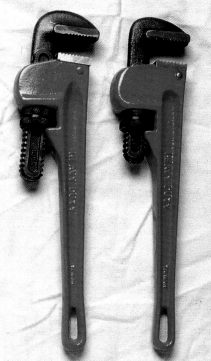

La **clé à tuyau** possède une mâchoire mobile qui s'adapte aux différents diamètres des tuyaux ou encore des écrous de bonne dimension. Il est fréquent d'utiliser deux clés simultanément, afin d'éviter les dommages aux raccords et aux tuyaux.

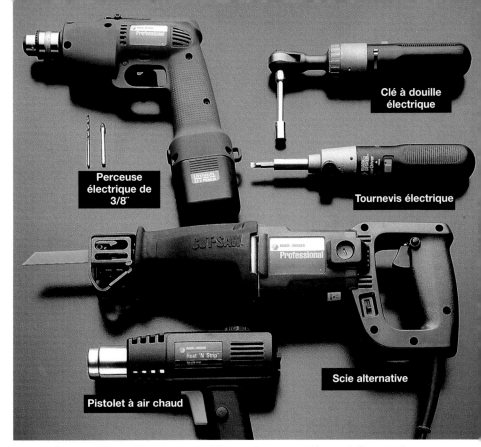

Clé à douille électrique

Perceuse électrique de 3/8"

Tournevis électrique

Pistolet à air chaud

Scie alternative

Les outils **électriques portatifs** permettent de réaliser tous les travaux rapidement, facilement et de façon sécuritaire. Les outils sans fil sont encore plus pratiques. Une **perceuse sans fil** de 3/8" offre de très nombreuses possibilités. La **clé à douille sans fil** permet de manipuler les petits écrous et les boulons à tête hexagonale. Le **tournevis sans fil** réversible visse de nombreux types de vis et fixe les attaches. La **scie alternative** peut être munie de différentes lames pour s'attaquer au bois, aux métaux et aux plastiques tandis que le **pistolet à air chaud** viendra à bout des tuyaux gelés.

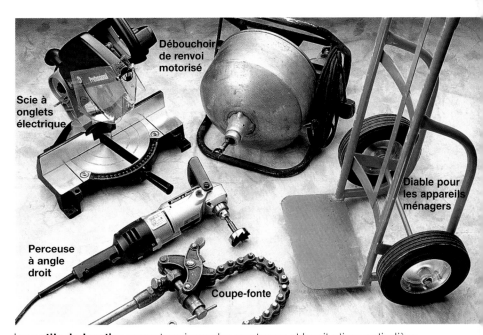

Déboucheur de renvoi motorisé

Scie à onglets électrique

Diable pour les appareils ménagers

Perceuse à angle droit

Coupe-fonte

Les **outils de location** peuvent servir pour les gros travaux et les situations particulières. La **scie à onglets** électrique fait des coupes précises dans une grande variété de matériaux, y compris les tuyaux de plastique. Le **déboucheur motorisé** pourra déloger les racines d'arbres obstruant les conduits d'égout. Le **diable** permet de déplacer les gros objets comme les chauffe-eau. Le **coupe-fonte** viendra à bout des tuyaux de fonte et la **perceuse à angle droit** permet de pratiquer des trous dans les endroits difficiles d'accès.

13

Matériaux de plomberie

Vérifiez le code de plomberie en vigueur dans votre région. Les diamètres indiqués sont les diamètres intérieurs.

Description et avantages

La **fonte** est très solide mais difficile à couper et à assembler. Elle devrait être réparée et remplacée par des tuyaux de plastique, si le code local le permet.

L'**ABS** (acrylonitrile-butadiène-styrène) a été le premier matériau plastique approuvé pour les systèmes de renvoi domestiques. Certains codes de plomberie restreignent son utilisation dans les nouvelles installations.

Le **PVC** (polychlorure de vinyle) est un plastique rigide moderne qui résiste très bien à la chaleur et aux produits chimiques. C'est le meilleur matériau pour les systèmes DWV (égout, renvoi et ventilation).

L'**acier galvanisé** est très solide mais finira par se corroder. Il n'est pas conseillé pour les nouvelles installations. Comme il est difficile à couper et à fileter, vous aurez avantage à confier les gros travaux à des professionnels.

Le **CPVC** (polydichloroéthylène) est un plastique conçu pour résister aux hautes températures et aux pressions élevées des systèmes d'alimentation d'eau. Les tuyaux et les raccords ne sont pas dispendieux.

Le **PB** (polybutylène) est un plastique flexible facile à manipuler. Il se plie aisément et exige moins de raccords que le CPVC. Cependant, certains codes de plomberie n'ont pas encore intégré le PB dans la liste des matériaux autorisés.

Le **cuivre rigide** est le meilleur matériau pour les systèmes d'alimentation d'eau. Il résiste à la corrosion et sa surface lisse facilite l'écoulement de l'eau. Les raccords de cuivre soudés sont très durables.

La surface brillante du **cuivre chromé** est attrayante; il est donc utilisé là où l'apparence est importante. Il est durable et facile à plier.

Le tuyau de **cuivre flexible** se manipule facilement et peut supporter un gel léger sans éclater. Le cuivre flexible se courbe facilement autour des coins et exige moins de raccords que le cuivre rigide.

Le **laiton** est lourd et durable et le **laiton chromé** a de l'éclat. Il est surtout employé pour les siphons, là où l'apparence compte.

Usage courant	Longueurs	Diamètres	Raccordement	Outils de coupe
Conduites principales de renvoi, d'égout et de ventilation	5' ou 10'	3" ou 4"	Manchons de néoprène (joints mécaniques)	Coupe-fonte ou scie à métaux
Conduite de renvoi et de ventilation, siphons	10', 20', ou au pied linéaire	1 1/2" ou 2" 3", 4"	Raccords en plastique et solvant	Coupe-tuyau, boîte à onglets ou scie à métaux
Conduite de renvoi et de ventilation, siphons	10', 20', ou au pied linéaire	1 1/2" ou 2" 3", 4"	Raccords en plastique et solvant	Coupe-tuyau, boîte à onglets ou scie à métaux
Renvois, conduites d'eau chaude et froide	Raccords de 1" à 1 pied ; sur mesure jusqu'à 20 pieds	1/2" ou 3/4" 1", 1 1/2", 2"	Raccords filetés en acier galvanisé	Scie à métaux ou scie alternative
Conduites d'eau chaude et froide	10'	3/8" ou 1/2" 3/4", 1"	Raccords en plastique et solvant ; raccords cannelés	Coupe-tuyau, boîte à onglets ou scie à métaux
Conduites d'eau chaude et froide là où le code le permet	Rouleaux de 25' ou de 100', ou au pied linéaire	3/8" ou 1/2" 3/4"	Raccords cannelés	Coupe-tube, couteau tout usage ou boîte à onglets
Conduites d'eau chaude et froide	10', 20', ou au pied linéaire	3/8" ou 1/2" 3/4", 1"	Soudure ou raccord à bague compressible	Coupe-tuyau, scie à métaux ou scie sauteuse
Tuyau d'amenée aux appareils	12", 20" ou 30"	3/8"	Raccords compressibles en laiton	Coupe-tuyau ou scie à métaux
Conduites de gaz, tuyaux d'amenée d'eau chaude et froide	Rouleaux de 30' ou de 60', ou au pied linéaire	1/4", 3/8" 1/2", 3/4", 1"	Raccords à collet de de laiton, à bague ou soudés	Coupe-tuyau ou scie à métaux
Robinets et valves d'arrêt, siphons	Grandeurs variées	1/4", 1/2", 3/4" siphon : 1 1/4" 1 1/2"	Raccords à bague de serrage ou à collet	Coupe-tuyau, scie à métaux ou scie alternative

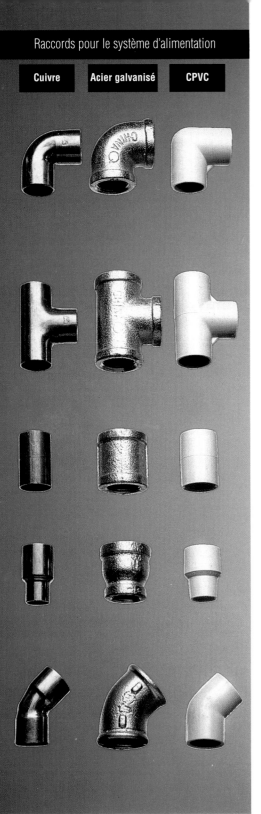

Les **coudes à 90⁰** sont utilisés pour faire un branchement à angle droit. Les coudes pour les systèmes DWV ont une courbe adoucie, pour faciliter le débit.

Les **raccords en T** permettent de relier des tuyaux du système d'adduction d'eau et des tuyaux du système DWV. Ces derniers sont souvent nommés «T sanitaire» ou «T d'égout».

Les **raccords droits** permettent de joindre deux tuyaux en ligne droite. On utilise des adaptateurs spéciaux pour relier les tuyaux faits de matériaux différents.

Les **réducteurs** relient des tuyaux de diamètres différents. Des réducteurs en T et en coude sont également disponibles.

Les **coudes à 45°** servent à donner aux tuyaux une courbure graduelle. Les coudes sont également disponibles en angles de 60° et de 72°.

Les raccords de plomberie

Les raccords de plomberie se présentent sous différentes formes et vous permettent de compléter les canalisations, changer la direction des tuyaux ou relier des tuyaux de différents formats. Les adaptateurs permettent de brancher des tuyaux et des appareils faits de matériaux différents.

Les raccords sont disponibles en différentes grosseurs mais les formes de base sont les mêmes pour les tuyaux de plastique ou de métal. Habituellement, les raccords utilisés pour les tuyaux de renvoi ont des courbes adoucies pour faciliter l'écoulement de l'eau.

Comment utiliser les adaptateurs

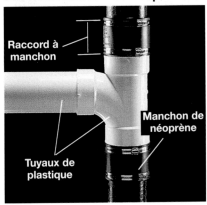

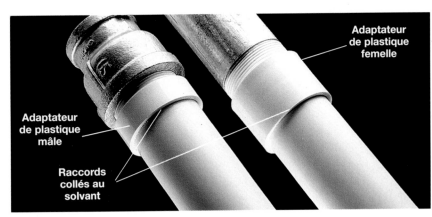

Joignez du plastique à la fonte en utilisant un raccord à manchon. Ces manchons de néoprène recouvrent l'extrémité des tuyaux et assurent un joint étanche.

Joignez des tuyaux de plastique à du métal fileté avec des adaptateurs mâles et femelles filetés. L'adaptateur de plastique est collé au tuyau de plastique à l'aide d'un solvant. L'extrémité filetée est entourée d'un ruban Teflon™ et ensuite vissée.

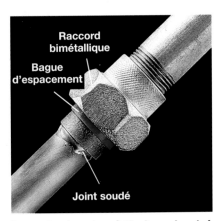

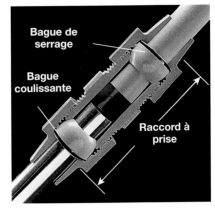

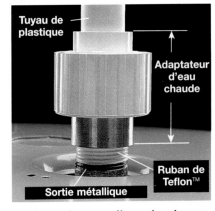

Connectez le cuivre à l'acier galvanisé avec un adaptateur bimétallique. Le raccord est vissé au tuyau d'acier et soudé au tuyau de cuivre. L'adaptateur est muni d'une rondelle de plastique pour prévenir la corrosion résultant de la réaction électrochimique entre les métaux.

Jumelez le plastique au cuivre en utilisant un raccord à prise. Chaque côté du raccord (vue en coupe) comporte une bague coulissante étroite et une bague de serrage en plastique (ou une rondelle de caoutchouc) qui forment le joint d'étanchéité.

Connectez le tuyau d'eau chaude au plastique à l'aide d'un adaptateur pour eau chaude qui empêche les fuites causées par la différence des coefficients d'expansion des matériaux. Les filets du tuyau de métal sont couverts d'un ruban de Teflon™. Le tuyau de plastique est fixé à l'adaptateur à l'aide de solvant.

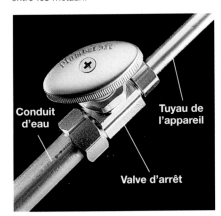

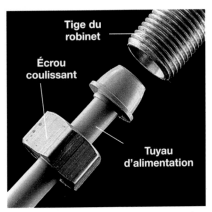

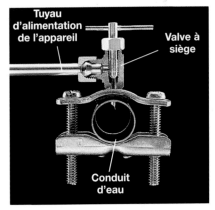

Reliez un conduit d'eau à un appareil en utilisant une valve d'arrêt.

Branchez n'importe quel tuyau d'alimentation à un robinet à l'aide d'un écrou coulissant. Cet écrou scelle la bague de serrage au robinet.

Reliez le tuyau d'alimentation d'un appareil à un tuyau de cuivre à l'aide d'une valve à siège. Ce type de valve (vue en coupe) est souvent utilisé pour brancher la machine à glace d'un réfrigérateur.

Travailler avec le cuivre

Le cuivre s'avère le meilleur matériau pour les systèmes d'alimentation en eau. Il résiste à la corrosion et sa texture lisse n'entrave pas le débit d'eau. Les tuyaux de cuivre sont offerts en plusieurs diamètres ; cependant, la plupart des installations domestiques sont faites de tuyaux de 1/2" et de 3/4" de diamètre. On retrouve le cuivre sous forme rigide ou flexible.

Le cuivre rigide est approuvé par tous les codes de plomberie pour les systèmes d'alimentation en eau domestiques. Il est classé en quatre qualités correspondant à l'épaisseur des parois : K, L, M et DWV. Le type M est le plus mince et le moins cher, et convient très bien aux travaux de bricolage.

Le cuivre rigide de type L est généralement exigé pour les installations commerciales. Etant solide et se soudant facilement, il est le préféré des professionnels et de certains bricoleurs. Avec ses parois plus épaisses, le type K est habituellement utilisé pour les conduites souterraines.

Le cuivre flexible, à trempe douce, est offert en deux épaisseurs, soit les types L et K. Les deux sont généralement approuvés pour les systèmes domestiques. Comme il se plie facilement et résiste à un gel léger, le type L peut être employé dans les espaces intérieurs non chauffés, ou encore dans les endroits difficiles d'accès.

Le cuivre identifié «DWV» est utilisé pour les systèmes de renvoi. Maintenant que la plupart des codes approuvent les tuyaux de plastique moins coûteux, le cuivre classé DWV est rarement utilisé.

Les **raccords soudés** sont ceux qu'on utilise le plus pour ces tuyaux de cuivre, car ils sont solides et durables. Ces tuyaux peuvent également être raccordés par pression ou évasement.

Tuyaux de cuivre et raccords

Raccordement	Cuivre rigide			Cuivre flexible		Commentaires
	Type M	Type L	Type K	Type L	Type K	
Soudure	oui	oui	oui	oui	oui	Peu coûteux, solide et fiable. Nécessite un certain savoir-faire.
Compression	oui	non recommandé		oui	oui	Facile à manipuler. Réparations et remplacements rapides. Plus cher que la soudure. Convient surtout au cuivre flexible.
Évasement	non	non	non	oui	oui	Seulement pour les conduits de cuivre flexibles, surtout les conduits de gaz. Nécessite un certain savoir-faire.

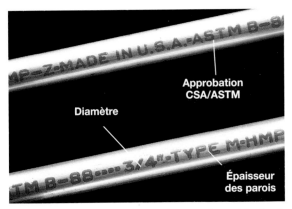

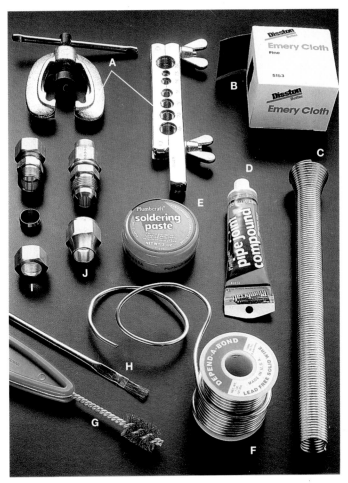

Les indications imprimées sur le tuyau donnent le diamètre, la qualité ainsi que le sceau d'approbation de l'Association canadienne de normalisation (CSA/ACNOR). La couleur rouge identifie le type M, et le bleu est associé au type L.

Pliez les tuyaux de cuivre flexible à l'aide d'une cintreuse de diamètre approprié pour éviter le gauchissement. Introduisez le tuyau dans la cintreuse et courbez-le délicatement pour lui donner la forme voulue, sans dépasser 90°.

Les outils spécialisés et les matériaux pour le travail du cuivre comprennent : évaseurs (A), papier d'émeri (B), cintreuse (C), composé à joint pour tuyaux (D), pâte à souder (flux) (E), fil à souder sans plomb (F), brosse de métal (G), pinceau à pâte (H), raccord à pression (1), raccord à évasement (J).

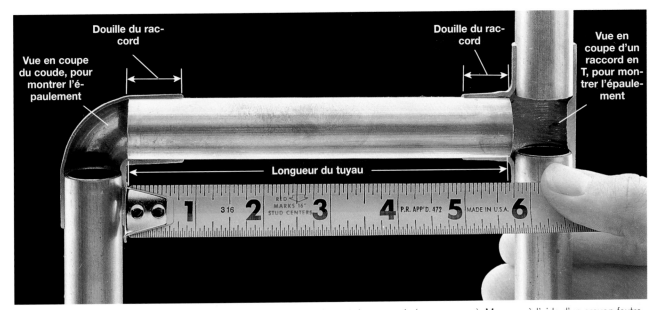

Trouvez la longueur de tuyau nécessaire en mesurant à partir de l'épaulement des raccords (vue en coupe). Manquez à l'aide d'un crayon feutre.

Couper
et souder le cuivre

Le meilleur outil pour couper les conduits de cuivre rigide ou flexible est le coupe-tuyau. Il procure une coupe nette et droite, ce qui est la base d'un joint étanche, Enlevez les ébarbures à l'aide d'un alésoir ou d'une lime ronde.

On peut également utiliser une scie à métaux dans les espaces exigus. Dans tous les cas, il faut une coupe nette et droite.

Le soudage de tuyaux de cuivre se fait en chauffant un raccord de cuivre ou de laiton avec un chalumeau au propane jusqu'à ce qu'il soit assez chaud pour faire fondre la soudure en fil. La chaleur attirera la soudure dans l'interstice entre le raccord et le tuyau, pour former un joint étanche. Un raccord mal ou trop chauffé ne permettra pas à la soudure de combler l'espacement. Les tuyaux et raccords de cuivre doivent être propres et secs pour former un joint étanche.

CE DONT VOUS AVEZ BESOIN :

Outils : coupe-tuyau avec alésoir (ou scie à métaux et lime ronde), brosse métallique, pinceau pour la pâte, torche au propane, allumeur (ou allumettes), pince multiprise, clé à molette.

Matériaux : tuyau de cuivre, raccords de cuivre, toile d'émeri, pâte à souder (flux), métal en feuille, soudure sans plomb, chiffon.

Protégez le bois de la flamme du chalumeau avec une double épaisseur (deux pièces de 18" x 18") de métal en feuille de calibre 26. Vous pouvez vous le procurer à la quincaillerie, et le conserver pour usage ultérieur.

Trucs de soudage

Soyez prudent quand vous soudez le cuivre. Les tuyaux et les raccords deviennent très chauds et il faut les laisser refroidir avant de les manipuler.

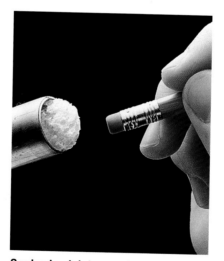

Gardez les joints secs lorsque vous soudez des conduits d'eau existants, en y insérant un bouchon de pain. Celui-ci absorbera l'humidité et se dissoudra quand l'eau circulera de nouveau.

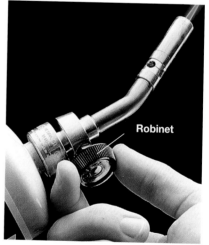

Prévenez les accidents en fermant complètement le chalumeau après usage.

Couper les tuyaux de cuivre

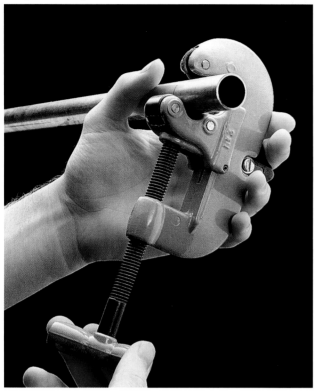

1 Placez le coupe-tuyau autour de la pièce et resserrez pour que le tuyau s'appuie sur les rouleaux et que la roulette de coupe soit sur la marque.

2 Tournez le coupe-tuyau pour qu'il imprime une ligne droite autour du tuyau.

3 Faites tourner l'outil dans la direction opposée en resserrant à toutes les deux rotations, jusqu'à ce que la coupe soit complétée.

4 Enlevez les ébarbures à l'intérieur du tuyau coupé à l'aide de l'alésoir du coupe-tuyau ou d'une lime ronde.

Souder des tuyaux et des raccords de cuivre

Toile d'émeri

1 Nettoyez les extrémités de chaque tuyau en y passant une toile d'émeri, pour que la soudure établisse un bon joint.

2 Nettoyez l'intérieur des raccords en frottant à l'aide d'une brosse métallique ou d'un papier d'émeri.

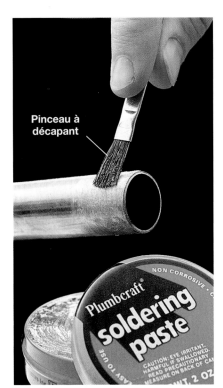

Pinceau à décapant

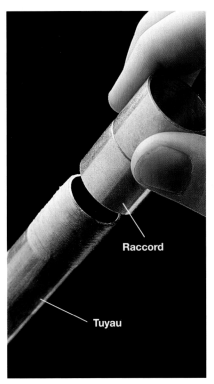

Raccord

Tuyau

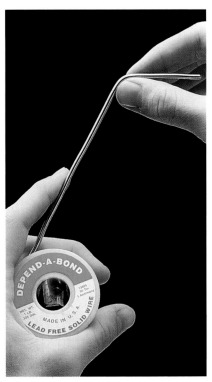

3 Appliquez une mince couche de décapant à la résine (flux) aux extrémités de chaque tuyau, à l'aide d'un pinceau, sur une longueur de 1 pouce.

4 Assemblez en insérant le tuyau dans le raccord jusqu'à l'épaulement. Une légère rotation assurera l'étalement du décapant.

5 Préparez la soudure en fil en déroulant de 8" à 10" de fil. Pliez les deux premiers pouces à 90°.

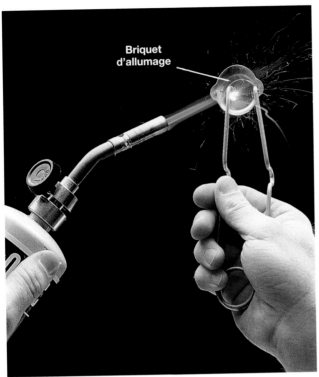

6 Allumez la torche au propane en ouvrant son robinet et en actionnant le briquet ou une allumette devant le bec.

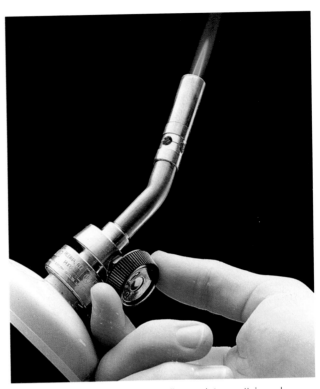

7 Ajustez le robinet pour que la flamme interne atteigne de 1" à 2".

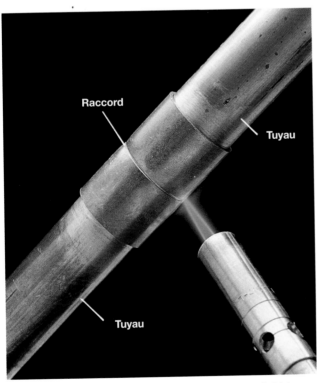

8 Portez le bout de la flamme sur le milieu du raccord et laissez ainsi 4 à 5 secondes, jusqu'au grésillement du décapant.

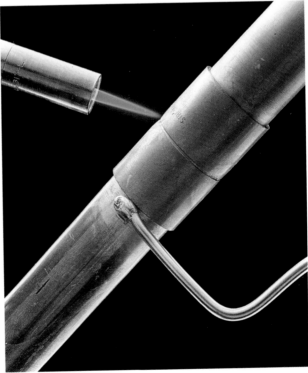

9 Chauffez l'autre côté du raccord pour distribuer la chaleur également. Appuyez la soudure sur le tuyau ; si elle fond, le tuyau est prêt.

Souder des tuyaux et des raccords de cuivre (suite)

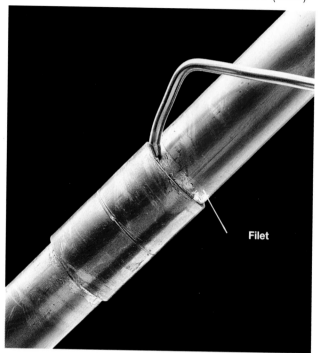

Filet

10 Quand le tuyau des assez chaud pour faire fondre la soudure, retirez la torche et poussez 1/2" à 3/4" de soudure dans le joint. La soudure pénétrera par capillarité. Une soudure réussie laissera un mince filet de soudure autour de l'extrémité du raccord.

11 Essuyez l'excès de soudure avec un linge sec. **Attention : les tuyaux seront chauds.** Quand l'ensemble sera refroidi, faites circuler l'eau et vérifiez l'étanchéité. S'il y a des fuites, videz les conduits, ajoutez du décapant et soudez de nouveau.

Souder des robinets de laiton

1 Enlevez la tige du robinet avec une clé à molette, afin d'éviter d'endommager les pièces de plastique ou de caoutchouc. Préparez les tuyaux de cuivre et assemblez le raccord.

2 Allumez le chalumeau et chauffez le corps du robinet en déplaçant la flamme pour distribuer la chaleur également. Le laiton est plus dense que le cuivre et nécessite plus de chaleur pour absorber la soudure. Appliquez la soudure et laissez refroidir. Remontez le robinet.

Défaire un raccord soudé

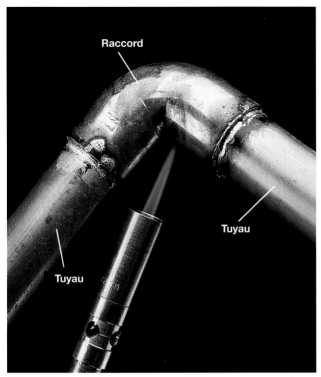

Raccord

Tuyau

Tuyau

1 Fermez l'arrivée d'eau et videz les tuyaux en ouvrant les robinets les plus hauts et les plus bas de la maison. Allumez le chalumeau et tenez le bout de la flamme contre le raccord jusqu'à ce que la soudure brille et commence à fondre.

2 Utilisez une pince multiprise pour séparer les tuyaux du raccord.

3 Enlevez la vieille soudure en chauffant l'extrémité du tuyau avec la torche. Utilisez un linge sec pour enlever la soudure fondue le plus rapidement possible. **Attention : les tuyaux seront chauds.**

4 Utilisez une toile d'émeri pour polir le bout des tuyaux jusqu'au métal. Ne réutilisez jamais de vieux raccords.

Les raccords à pression

Les raccords à pression sont utilisés pour les assemblages qu'on veut pouvoir défaire. Faciles à débrancher, ils sont souvent employés pour les tuyaux d'alimentation et les robinets d'appareils. Utilisez-les là où l'espace est réduit ou dangereux pour le soudage.

Les raccords à pression sont surtout utilisés pour les tuyaux de cuivre flexibles. Ils sont assez mous pour que la bague de serrage s'ajuste parfaitement et assure un joint étanche. Ils s'adapteront également aux tuyaux de cuivre rigide de type M.

Écrou à collet

Bague de serrage

Écrou à collet

Bague de serrage

Tuyau de cuivre

Ce raccord à pression (vue en coupe) montre comment l'écrou à collet fileté force la bague de serrage contre le tuyau de cuivre. Celle-ci est enrobée de pâte à joint avant l'assemblage afin d'assurer un joint parfait.

CE DONT VOUS AVEZ BESOIN :

Outils : crayon feutre, coupe-tuyau ou scie à métaux, clés à molette.
Matériaux : raccords à pression en laiton, pâte à joint de tuyau.

Raccorder les tuyaux d'amenée au robinet d'arrêt des appareils

Conduit d'amenée en cuivre flexible

1 Courbez le tuyau de cuivre flexible en prévoyant 1/2" pour l'insérer dans le robinet. Marquez la longueur et coupez.

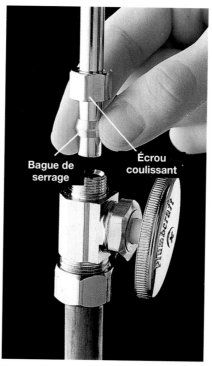

Bague de serrage

Écrou coulissant

2 Glissez l'écrou et ensuite la bague de serrage autour du tuyau, les filets de l'écrou faisant face à la tige du robinet.

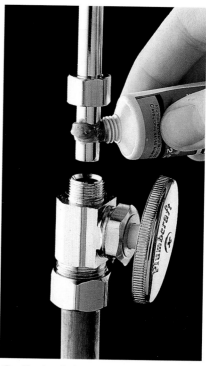

3 Enrobez la bague de serrage de pâte à joint pour assurer l'étanchéité.

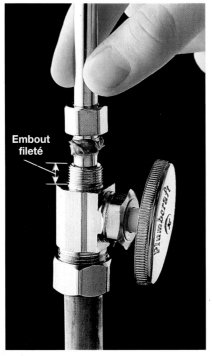

Embout fileté

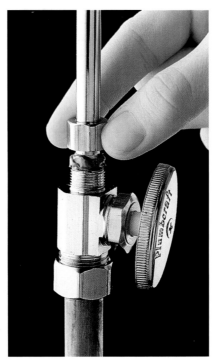

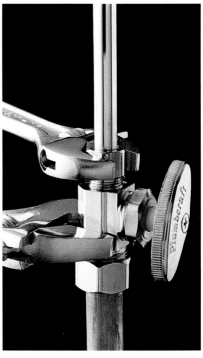

4 Enfoncez le tuyau dans le raccord jusqu'à l'épaulement.

5 Glissez la bague et l'écrou contre le robinet, et serrez-les à la main.

6 Vissez l'écrou et le raccord ensemble à l'aide de clés à molette, sans forcer. Ouvrez l'eau et vérifiez s'il y a fuite. Si c'est le cas, resserrez légèrement.

Raccorder deux tuyaux de cuivre à pression

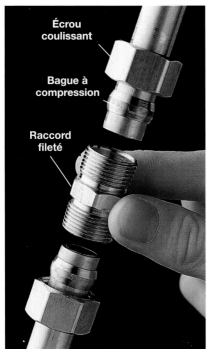

Écrou coulissant

Bague à compression

Raccord fileté

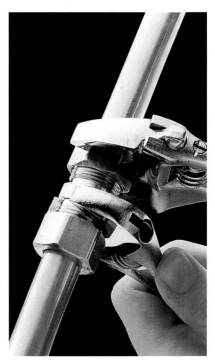

1 Glissez les écrous et les bagues aux extrémités des tuyaux, les filetages se faisant face. Placez le raccord fileté entre les deux.

2 Appliquez de la pâte à joint pour tuyau sur les bagues, puis vissez les écrous sur le raccord.

3 Retenez le centre du raccord fileté avec une clé à molette et utilisez une autre clé pour donner un tour aux écrous. Ouvrez l'eau. S'il y a fuite, resserrez légèrement.

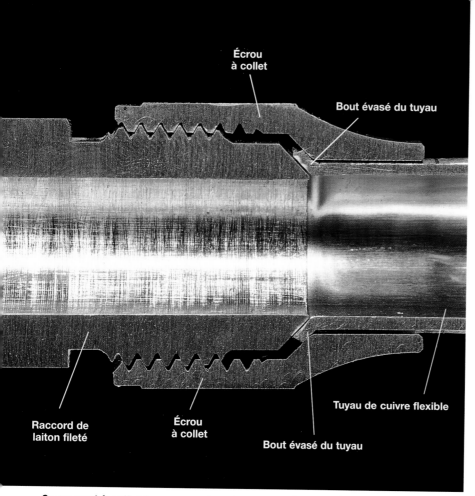

Écrou
à collet

Bout évasé du tuyau

Raccord de
laiton fileté

Écrou
à collet

Bout évasé du tuyau

Tuyau de cuivre flexible

Ce raccord à collet (vue en coupe) montre comment l'extrémité évasée du tuyau se joint au raccord de laiton.

Les raccords à collet

Les raccords à collet, ou évasés sont le plus souvent utilisés pour les conduits de gaz. Ils peuvent être employés pour des tuyaux d'amenée en cuivre, mais ne doivent pas servir aux raccordements à l'intérieur des murs. Vérifiez les dispositions du code de plomberie local sur l'utilisation de ce type de raccord.

Les raccords à collet sont faciles à défaire. Vous pouvez y recourir dans les endroits exigus ou trop dangereux pour le soudage.

CE DONT VOUS AVEZ BESOIN :

Outils : évaseur en deux pièces, clés à molette.
Matériaux : raccords à collet en laiton.

Joindre deux tuyaux de cuivre avec un raccord à collet

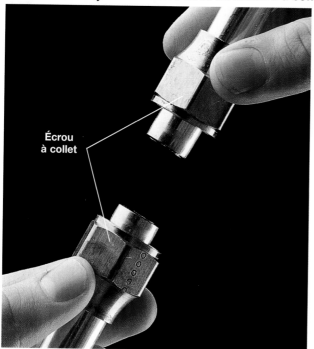

Écrou
à collet

1 Glissez les écrous à collet sur les tuyaux avant d'évaser leurs extrémités.

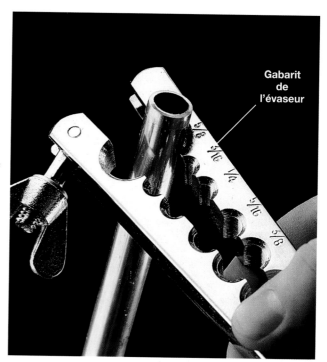

Gabarit de l'évaseur

2 Choisissez le diamètre de l'évaseur qui correspond à celui du tuyau. Ouvrez l'outil et placez-y le tuyau.

Écrous à collet

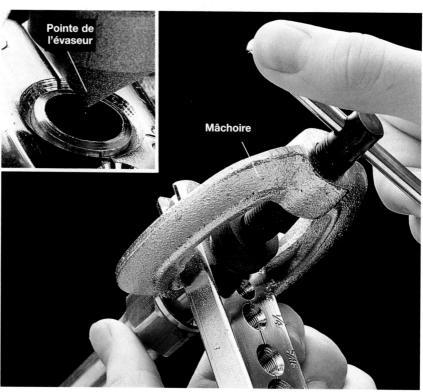

Pointe de l'évaseur

Mâchoire

3 Refermez l'outil sur le tuyau. L'extré-mité du tuyau doit être à égalité avec la partie plane de l'outil.

4 Glissez la mâchoire sur la base de l'évaseur et centrez la pointe au-dessus du tuyau (ci-contre). Vissez fermement la toupie.

Raccord à collet

5 Retirez la mâchoire et dégagez le tuyau de la base. Répétez l'opération avec l'autre tuyau

6 Placez le raccord entre les deux tuyaux et vissez les écrous.

7 Retenez le centre du raccord avec une clé à molette et utilisez-en une autre pour donner un tour complet aux écrous. Resserrez s'il y a une fuite.

29

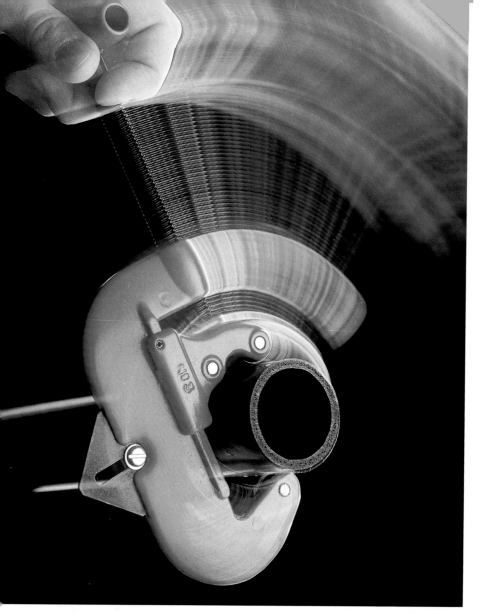

Utilisation des plastiques

La popularité des tuyaux et raccords de plastique s'affirme auprès des bricoleurs parce qu'ils sont légers, peu coûteux et faciles à manipuler. Avant de procéder aux travaux, il est recommandé de vérifier les dispositions du code de plomberie de votre région.

Les tuyaux de plastique se présentent sous forme rigide ou flexible. Les plastiques rigides sont représentés par l'acrylonitrile-butadiène-styrène (ABS), le polychlorure de vinyle (PVC) et le polydichloroéthylène (CPVC). Le polybutylène (PB) est probablement le plus utilisé.

L'ABS et le PVC sont destinés aux systèmes d'égout, de renvoi et de ventilation (DWV). Le PVC a l'avantage de mieux résister aux produits chimiques et à la chaleur. Il est approuvé pour les utilisations hors-terre par la plupart des codes de plomberie. Cependant, certains codes exigent encore la fonte pour les drains principaux courant sous le béton.

Quant au CPVC et au PB, ils servent surtout aux systèmes d'alimentation en eau chaude et froide. Les tuyaux et raccords en CPVC rigide sont moins dispendieux, mais le PB offre une souplesse qui permet de contourner les obstacles et nécessite moins de raccords.

Les tuyaux de plastique peuvent être raccordés aux tuyaux de cuivre ou d'acier en utilisant des adaptateurs mais il n'est pas recommandé de mêler les différents types de plastiques. Par exemple, si votre système de drainage est composé de tuyaux d'ABS, il est préférable de s'en tenir à celui-ci lors de réfections ou de remplacements.

Une exposition prolongée au soleil peut affaiblir les tuyaux de plastique ; il est donc recommandé de les couvrir de pierres ou de les envelopper quand ils sont exposés.

Tuyau de métal

Tuyau de métal

Fil de relais

Bride de mise à la terre

Tuyaux de plastique

Attention : Le système électrique de votre maison est peut-être mis à la terre par le biais des tuyaux de plomberie métalliques. Quand vous ajoutez des tuyaux de plastique à vos canalisations, assurez-vous de ne pas interrompre le circuit de mise à la terre. Utilisez des brides de mise à la terre et un fil de relais, disponibles en quincaillerie, pour contourner les ajouts de plastique et assurer la continuité de la mise à la terre. Les brides doivent être solidement fixées au métal nu, de chaque côté du tuyau de plastique.

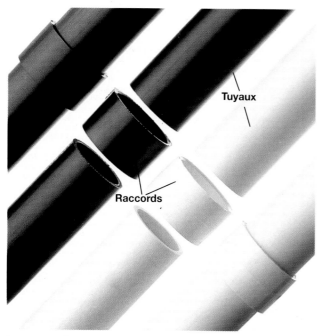

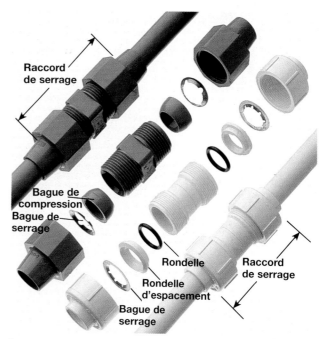

Les raccords sont soudés avec du solvant pour assembler les tuyaux de plastique. Le solvant fait fondre une mince couche du matériau et soude ainsi raccords et tuyaux.

Les raccords de serrage sont utilisés pour assembler les tuyaux flexibles en PB et peuvent aussi servir avec le CPVC. Ils sont de deux types. Celui de gauche ressemble au raccord à pression utilisé pour le cuivre. Il comporte une bague de serrage en métal et une bague de compression an plastique. Le second (à droite) possède une rondelle de caoutchouc au lieu d'une bague de compression.

Identification des tuyaux

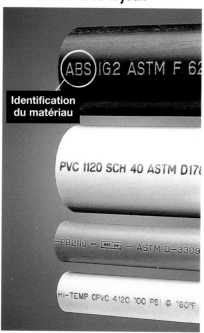

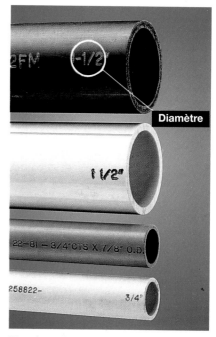

Identification du matériau : pour les siphons et les tuyaux de renvoi, utilisez du PVC ou de l'ABS. Pour les conduits d'amené, prenez le PB ou le CPVC.

Classement CSA (ACNOR) : pour les siphons et les renvois, choisissez les tuyaux de PVC ou d'ABS approuvés par l'ACNOR. Pour les conduits d'amenée, prenez les tuyaux de PB ou de CPVC qui sont classés PW pour l'eau pressurisée.

Diamètre des tuyaux : les tuyaux de PVC et d'ABS utilisés pour les renvois ont généralement un diamètre de 1 1/4" à 4". Les conduits en PB ou an CPVC ont entre 1/2" et 3/4".

Coupe et raccordement des plastiques

Coupez les tuyaux rigides d'ABS, de PVC ou de CPVC avec un coupe-tuyau ou une scie. La coupe doit être bien droite pour assurer des joints étanches.

Les plastiques rigides sont assemblés à l'aide de raccords de plastique et de solvant. Choisissez le type de solvant qui convient au plastique utilisé. Un solvant pour ABS ne devrait pas être employé avec le PVC. Par contre, certains solvants dits «tout usage» ou «universels» peuvent être employés pour tous les types de plastiques.

Puisque les colles-solvant durcissent en 30 secondes environ, il est préférable de faire un essai à sec de l'assemblage. Pour de meilleurs résultats, les surfaces des tuyaux et des raccords doivent être adoucies avec un papier d'émeri et un apprêt liquide avant d'être assemblées.

Les colles à base de solvants sont toxiques et inflammables. Assurez une ventilation adéquate quand vous vous en servez, et entreposez-les à l'abri des sources de chaleur.

Coupez les tuyaux de PB avec un coupe-tuyau pour plastique ou à l'aide d'un couteau. Assurez-vous que la coupe soit droite. Assemblez les tuyaux de PB avec des raccords de serrage en plastique. Ceux-ci sont également utilisés pour joindre le plastique rigide ou flexible au cuivre.

CE DONT VOUS AVEZ BESOIN :

Outils : ruban à mesurer, crayon feutre, coupe-tuyau (boîte à onglets ou scie à métaux), couteau, pince multiprise.

Matériaux : tuyaux de plastique, raccords, toile d'émeri, apprêt pour tuyau, colle à base de solvant, chiffon, gelée de pétrole.

Le matériel spécialisé : colles et apprêt à base de solvant (A), raccords de plastique (B), toile d'émeri (C), raccords de serrage (D) et gelée de pétrole (E).

Mesure des tuyaux de plastique

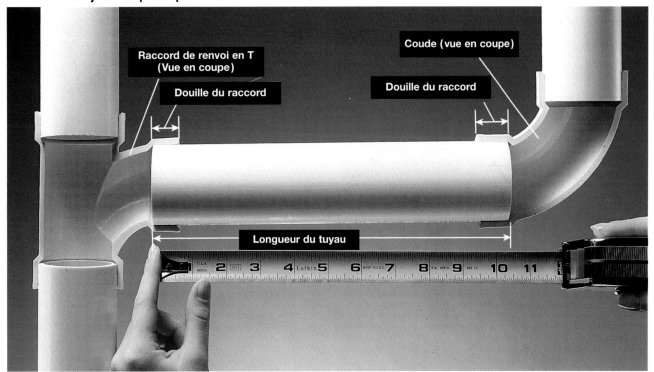

Trouvez la longueur de tuyau nécessaire en mesurant la distance entre les épaulements des raccords. Marquez le tuyau à l'aide d'un crayon feutre.

Couper le plastique rigide

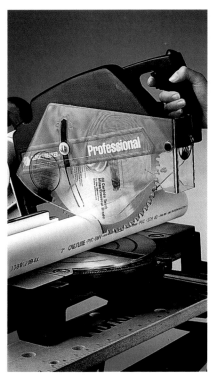

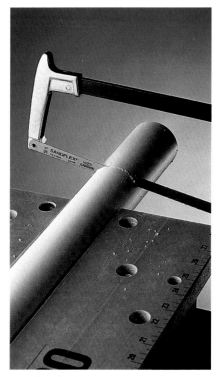

Coupe-tuyau : Resserrez l'outil autour du tuyau (le couteau doit être sur la marque). Faites tourner autour du tuyau en resserrant à chaque deux tours, jusqu'à ce que le tuyau cède.

Boîte à onglets : Faites des coupes droites sur tous les tuyaux de plastique avec une boite à onglets ou une scie à onglets.

Scie à métaux : Retenez le tuyau dans un étau ou sur un établi portatif, et maintenez la lame de la scie bien droite.

Coller le plastique avec du solvant

1 Enlevez les ébarbures des extrémités coupées à l'aide un couteau.

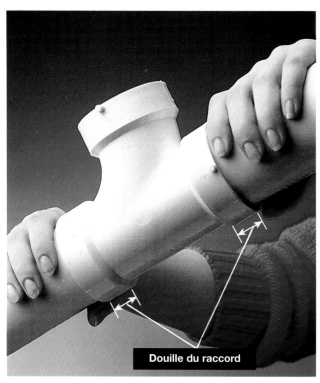

Douille du raccord

2 Assemblez les pièces à sec. Les tuyaux devraient s'appuyer fermement aux épaulements.

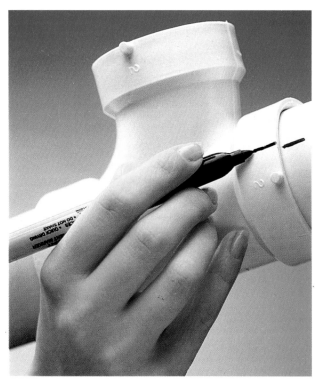

3 Indiquez l'alignement de chaque raccord à l'aide d'un crayon feutre.

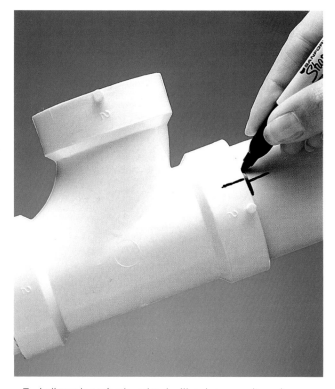

4 Indiquez la profondeur des douilles des raccords sur le tuyau. Démontez l'assemblage.

5 Nettoyez les extrémités des tuyaux et les douilles des raccords avec une toile d'émeri.

6 Appliquez un apprêt à tuyau de plastique à l'extrémité des tuyaux. L'apprêt use les surfaces lustrées et assure l'étanchéité des joints.

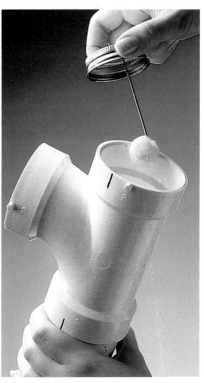

7 Enduisez d'apprêt l'intérieur des douilles des raccords.

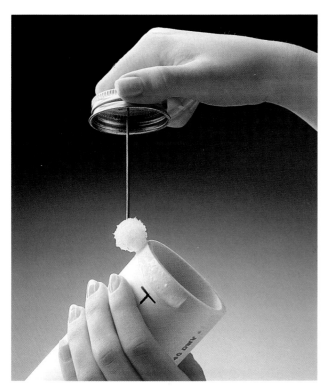

8 Appliquez une généreuse couche de solvant sur le bout des tuyaux. Posez une mince couche à l'intérieur des douilles des raccords. Travaillez rapidement : la colle durcit en 30 secondes.

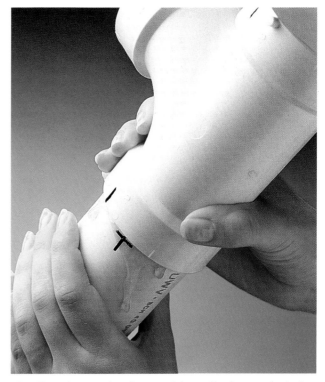

9 Placez le tuyau dans le raccord de manière à ce que les traits se démarquent d'environ 2 pouces. Enfoncez le tuyau dans le raccord, jusqu'à l'épaulement.

Coller le plastique avec du solvant (suite)

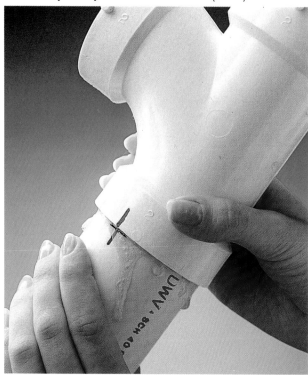

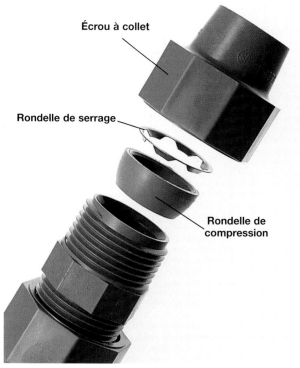

10 Étendez la colle en tournant le tuyau, et alignez les marques. Retenez l'assemblage pendant 20 secondes afin d'empêcher le joint de glisser.

11 Enlevez le surplus de colle avec un chiffon. Laissez reposer environ 30 minutes.

Couper et assembler le plastique souple

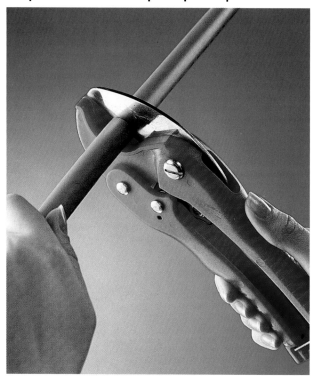

Écrou à collet

Rondelle de serrage

Rondelle de compression

1 Coupez les tuyaux de plastique flexible avec un ciseau à tube que vous trouverez à la quincaillerie. Une boîte à onglets ou un couteau bien affûté feront aussi l'affaire. Enlevez les ébarbures.

2 Démontez chacun des raccords de serrage et assurez-vous que les rondelles sont dans la bonne position. Assemblez de nouveau sans serrer.

3 Indiquez la profondeur de la douille du raccord à l'aide d'un crayon feutre. Adoucissez le bout du tuyau avec du papier d'émeri.

4 Lubrifiez le bout du tuyau avec de la gelée de pétrole. Les embouts lubrifiés sont plus faciles à insérer dans les raccords.

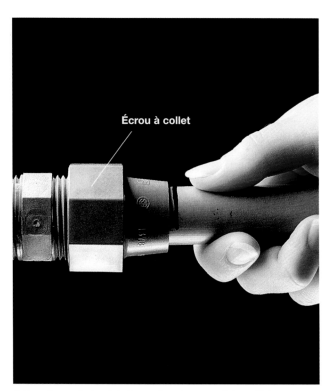

Écrou à collet

5 enfoncez le bout du tuyau dans le raccord, jusqu'à la marque. Serrez l'écrou à la main.

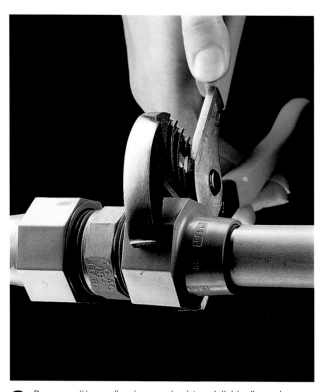

6 Resserrez l'écrou d'environ un demi-tour à l'aide d'une pince multiprise. Ouvrez l'eau et, s'il y a fuite d'eau, serrez légèrement.

Travailler avec l'acier galvanisé

On retrouve surtout les tuyaux d'acier galvanisé dans les constructions plus anciennes, où ils sont utilisés pour l'alimentation d'eau et les renvois de petites dimensions. On les reconnaît à la couleur argentée de leur enduit de zinc et à leurs raccords filetés.

Avec le temps, la corrosion atteint les tuyaux et raccords d'acier galvanisé, qui doivent alors être remplacés. Une baisse de la pression d'eau est souvent révélatrice d'une accumulation de rouille dans les tuyaux, et l'obstruction survient généralement dans les coudes. Il ne faut pas essayer de nettoyer l'intérieur des tuyaux d'acier, mais bien les enlever et les remplacer le plus tôt possible.

On peut se procurer des tuyaux et raccords en acier galvanisé à la quincaillerie ou dans les centres de rénovation. Indiquez toujours le diamètre intérieur quand vous en achetez. Des tuyaux pré-filetés, appelés mamelons, sont disponibles en longueurs de 1" à 1 pied. Si vous le désirez, vous pouvez faire couper et fileter les tuyaux au magasin, selon vos besoins.

Le vieil acier galvanisé peut être difficile à réparer. Il arrive souvent qu'il soit pris en bloc dans la rouille, et que ce que l'on croyait être un petit bricolage pépère se transforme en une réfection majeure. Par exemple, la réparation d'un simple raccord peut montrer que les tuyaux adjacents sont à remplacer. Auquel cas, il vous est possible de boucher les conduits en réparation et de rétablir la circulation d'eau dans le reste de la maison. Avant d'entreprendre des travaux, ayez sous la main des mamelons et des capuchons de mêmes dimensions que vos tuyaux.

Démonter un système de tuyaux en acier galvanisé prend énormément de temps. Le démontage doit commencer par un bout de ligne et cheminer pièce par pièce jusqu'à l'endroit désiré, ce qui peut être long et fastidieux. Munissez-vous plutôt d'un raccord d'accouplement en trois morceaux, qui permet de remplacer une section particulière sans toucher à l'ensemble.

CE DONT VOUS AVEZ BESOIN :

Outils : ruban à mesurer, scie alternative avec lame à métaux ou scie à métaux, clés à tuyau, chalumeau au propane, brosse métallique.
Matériaux : mamelons, capuchons, raccord de jonction, pâte à joint pour tuyaux, raccords de remplacement si nécessaire.

Mesurez le vieux tuyau. Ajoutez 1/2" à chaque extrémité, pour compenser les bouts filetés insérés dans les raccords. Mentionnez la longueur totale au marchand.

Enlever et remplacer un tuyau d'acier galvanisé

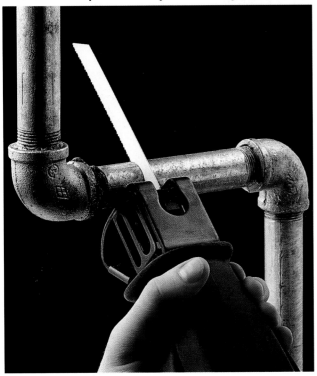

1 Coupez le tuyau d'acier galvanisé avec une scie alternative munie d'une lame à métaux ou d'une scie à métaux.

2 Retenez le raccord à l'aide d'une clé à tuyau et dévissez le tuyau avec une autre. Les mâchoires des clés doivent agir à contre-sens. Déplacez toujours le manche de la clé vers l'ouverture des mâchoires.

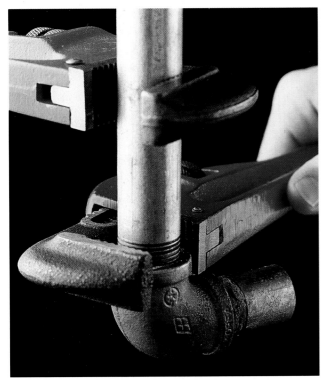

3 Enlevez tous les raccords rouillés en utilisant deux clés à tuyau. Les mâchoires se faisant face, utilisez une clé pour dévisser le raccord et l'autre pour retenir le tuyau. Nettoyez le filetage du tuyau avec une brosse métallique.

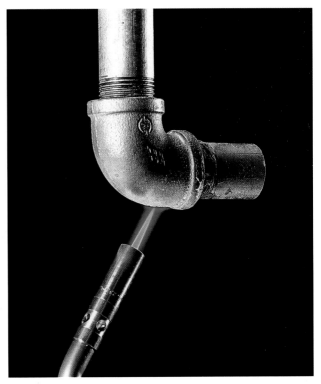

4 Chauffez les raccords récalcitrants avec un chalumeau au propane, pendant quelques secondes. Protégez le bois et les matériaux inflammables avec une double épaisseur de métal en feuille.

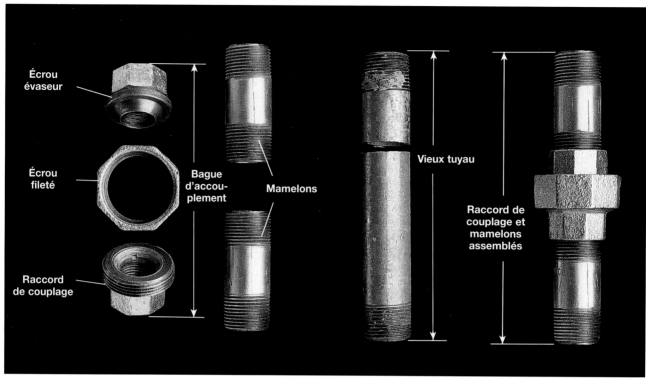

5 Remplacez une section de tuyau d'acier galvanisé avec un raccord de jonction et deux tuyaux filetés, ou mamelons. Une fois assemblés, le raccord et les mamelons doivent avoir la même longueur que le tuyau à remplacer.

6 Appliquez de la pâte à joint autour des bouts filetés des tuyaux et des raccords. Étendez-en également sur les filets, avec le doigt.

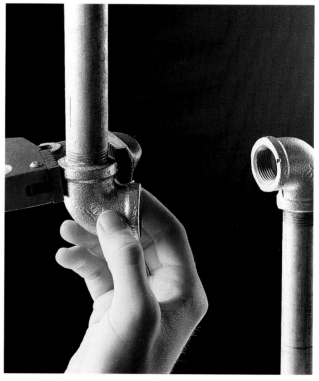

7 Vissez les nouveaux raccords autour des tuyaux. Pour ce faire, utilisez deux clés à tuyau et laissez un jeu de un huitième de tour, afin de permettre l'alignement du raccord de jonction.

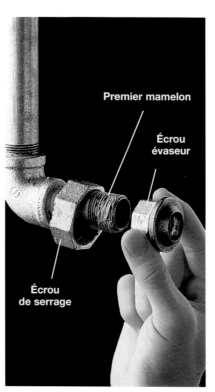

8 Vissez le premier mamelon dans le raccord puis serrez avec une clé à tuyau.

9 Glissez l'écrou de serrage sur le mamelon installé et vissez l'écrou évaseur, puis serrez avec une clé.

10 Vissez le second mamelon à l'autre raccord. Puis serrez à l'aide d'une clé.

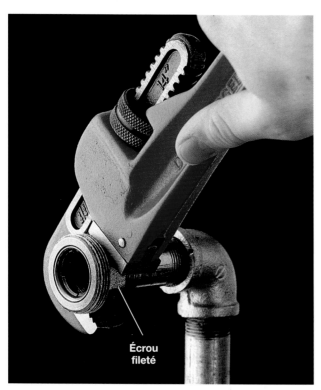

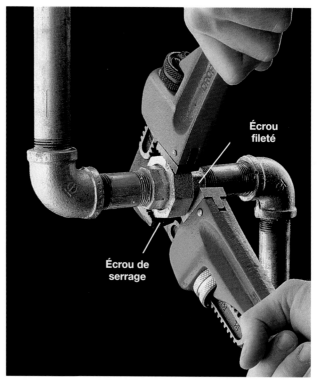

11 Vissez l'écrou fileté au second mamelon Serrez avec une clé. Alignez les deux mamelons de manière à ce que les lèvres du capuchon entrent dans l'écrou fileté.

12 Terminez l'assemblage en vissant l'écrou de serrage sur l'écrou fileté. Utilisez des clés à tuyau.

Travailler avec la fonte

Les tuyaux de fonte se retrouvent dans le système d'égout, de renvoi et de ventilation (DWV) des constructions plus anciennes, où ils servent à la colonne de chute et aux renvois d'égout. On les reconnaît à leur couleur noire, leur fini brut et leur diamètre de 3" et plus.

Les tuyaux de fonte peuvent rouiller et les raccords à collet peuvent fuir. Si votre maison a plus de 30 ans, il se peut que vous ayez à remplacer un tuyau de fonte ou un raccord.

Ce matériau est lourd et difficile à assembler : un tuyau de 5', de 4" de diamètre. pèse 60 livres. C'est pourquoi le remplacement se fait avec du plastique de même grosseur. Le raccordement avec la fonte se fait facilement, à l'aide d'un raccord bridé (connu aussi sous le nom de joint mécanique).

La meilleure façon de couper la fonte est d'utiliser un coupe-fonte de location : Comme il en existe différents modèles, suivez les indications du locateur.

CE DONT VOUS AVEZ BESOIN :

Outils : ruban a mesurer, craie, clés à molette, coupe-fonte de location ou scie à métaux, clé à douille, tournevis,
Matériel : courroies de soutien ou brides de retenue, deux blocs de bois vis de 2 1/2" pour panneaux muraux, raccord bridé (MJ), tuyau de rempacement en plastique.

Le raccord à collet au plomb (vue en coupe, à gauche) est utilisé pour joindre deux tuyaux de fonte. Le tuyau comporte un collet à une extrémité et un tenon à l'autre. Les tuyaux s'aboutent et l'étanchéité du joint est assurée par un bourrage d'étoupe et du plomb. Pour réparer un raccord qui fuit, enlevez-le et remplacez-le par un tuyau de plastique.

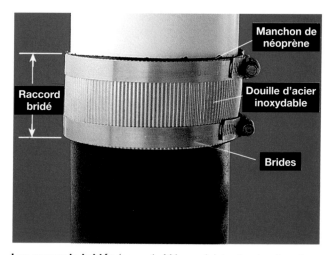

Les raccords bridés (marqués MJ pour joint mécanique) sont utilisés pour remplacer une section de fonte qui coule par un tuyau de PVC ou d'ABS. Le nouveau tuyau est joint à l'ancien avec un raccord à manchon. Ce dernier est composé d'un manchon de néoprène qui scelle le joint. Les tuyaux sont retenus par une douille d'acier inoxydable et des brides à vis.

Courroies de soutien

Bride de retenue

Avant de couper une section horizontale d'un tuyau de fonte, assurez-vous qu'elle est supportée par des courroies à tous les 5 pieds et sous chaque raccord.

Avant de couper une section verticale, assurez-vous que le tuyau est supporté à chaque plancher par une bride de retenue. Ne coupez jamais un conduit non soutenu.

Réparer et remplacer une section de fonte

1 Utilisez une craie pour faire vos marqués. Si vous remplacez un raccord, accordez-vous au moins 6" de jeu de chaque côté.

2 Supportez la section inférieure en installant une bride de retenue sur la lisse de plancher.

3 Supportez la section supérieure en installant une bride de retenue 6" au-dessus de la section à remplacer. Clouez des blocs de bois sur les montants de façon à ce que le support puisse reposer sur le dessus.

Réparer et remplacer une section de fonte (suite)

4 Entourez le tuyau avec la chaîne du coupe-fonte de manière à ce que les roulettes de coupe se trouvent sur la marque.

5 Serrez la chaîne et brisez le tuyau selon le mode d'emploi de l'outil.

6 Répétez l'opération sur l'autre marque. Retirez le morceau de tuyau.

7 Coupez une pièce de PVC ou d'ABS un pouce plus court que l'ancienne.

Brides

Raccord bridé

Manchon de néoprène

8 Glissez un raccord et un manchon à chaque extrémité du tuyau de fonte.

9 Assurez-vous que l'extrémité du tuyau soit bien ajustée à la bague de caoutchouc moulée à même le manchon.

10 Repliez le bout de chacun des manchons pour mettre à jour la bague de séparation.

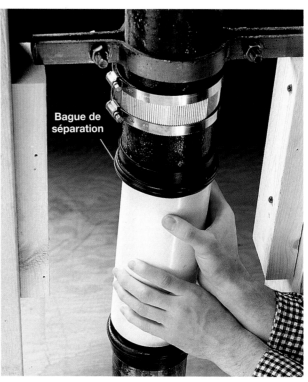

Bague de séparation

11 Placez le nouveau tuyau de plastique en l'alignant avec le tuyau de fonte.

12 Rabattez les manchons sur le tuyau de plastique.

13 Glissez les bandes métalliques et les brides au-dessus des manchons.

14 Serrez les brides à l'aide d'une clé a douille ou d'un tournevis.

Les robinets :
problèmes et solutions

En général, les problèmes de robinets se règlent facilement, et vous économiserez en le faisant vous-même. Les pièces de rechange se trouvent dans toutes les quincailleries et sont peu coûteuses. Les techniques varient selon le type de robinet.

Cependant, si la fuite persiste malgré les réparations, il faut remplacer le robinet. En moins d'une heure, vous aurez une installation neuve qui durera de nombreuses années, sans nécessiter d'entretien.

	PROBLÈMES	SOLUTIONS
	Le Robinet dégoutte à l'extrémité du bec ou à la base.	Identifiez le type de robinet, puis installez les pièces de rechange selon le mode d'emploi.
	Le vieux robinet usé fuit, malgré les réparations.	Remplacez le robinet.
	La pression de l'eau semble faible ou le débit est partiellement entravé par la corrosion.	1. Nettoyez l'aérateur. 2. Remplacez les tuyaux atteints.
	La pression du gicleur semble faible ou l'eau fuit par la poignée.	1. Nettoyez la tête du gicleur. 2. Réparez le mélangeur.
	L'eau coule sur le plancher sous le robinet.	1. Remplacez le boyau fendu du gicleur. 2. Resserrez les raccords, remplacez les conduits d'alimentation ou changez la valve d'arrêt. 3. Réparez le renvoi de l'évier.
	Le robinet extérieur ou la valve dégouttent au bec ou autour.	Démontez la valve et remplacez les rondelles de la manette.

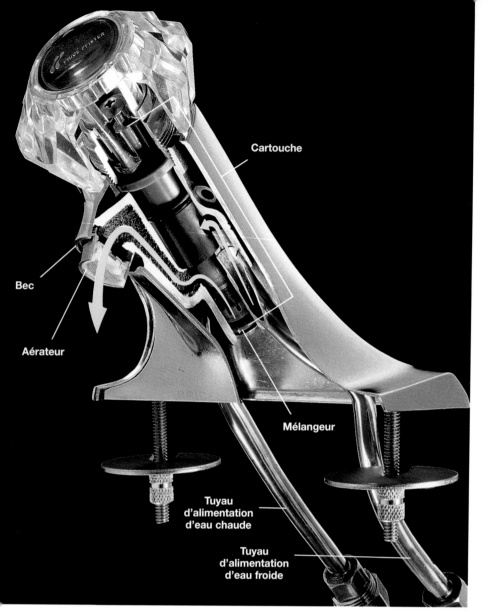

Cartouche

Bec

Aérateur

Mélangeur

Tuyau
d'alimentation
d'eau chaude

Tuyau
d'alimentation
d'eau froide

Réparer les robinets qui fuient

Le robinet typique comporte une poignée reliée à une cartouche creuse. Celle-ci contrôle le débit d'eau chaude et froide entre les tuyaux d'alimentation et le mélangeur. L'eau est ensuite poussée vers le bec et l'aérateur. Si un problème survient, changez la cartouche au complet.

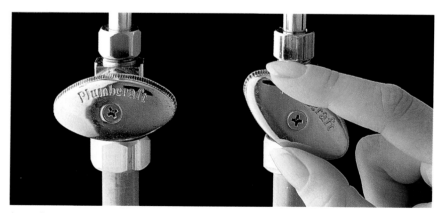

Avant d'entreprendre des réparations, **fermez l'arrivée d'eau** par les valves d'arrêt qui se trouvent généralement sous les robinets. Quand vous rouvrez les valves après les réparations, ouvrez les robinets pour laisser l'air s'échapper des tuyaux. Dès que le débit dévient régulier, fermez les robinets.

Un robinet qui fuit est le problème le plus courant dans un système de plomberie. Ces fuites se produisent quand les rondelles d'étanchéité, les anneaux (joints toriques) ou les garnitures sont sales ou usés. La réparation s'effectue facilement mais diffère selon les modèles. Avant d'entreprendre les travaux, identifiez le type de robinet et les pièces nécessaires pour le réparer.

Il existe quatre modèles de base, soit : à bille, à cartouche, à disques ou à rondelle. Il est parfois possible de les distinguer à leur apparence extérieure, sinon il faut les démonter.

Les robinets à rondelle comportent généralement deux poignées, ainsi que des rondelles et des garnitures qui doivent être remplacées de temps à autre. C'est simple et peu dispendieux.

Les robinets à bille, à cartouche et à disques sont dits « sans rondelle ». La plupart de ces robinets n'ont qu'une poignée. Ils sont peu sujets aux problèmes et se réparent en un tour de main.

Quand vous remplacez des pièces, assurez-vous qu'elles correspondent aux originales. Elles portent généralement le nom du fabricant et un numéro de modèle. Pour être certain, apportez les pièces usagées au magasin, pour les comparer aux nouvelles.

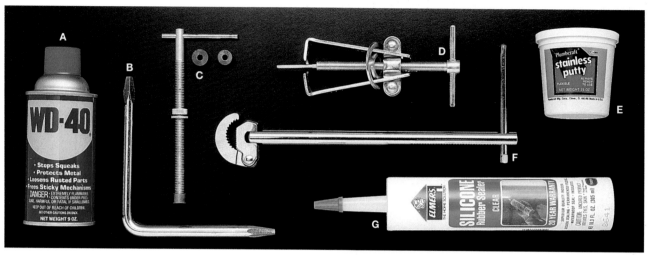

Les outils et matériaux spécialisés pour la réparation des robinets : huile pénétrante (A), clé à siège (B), outil à roder (C), tire-poignée (D), mastic de plombier (E), clé coudée (F), pâte à calfeutrer au silicone (G).

Identification des types de robinet

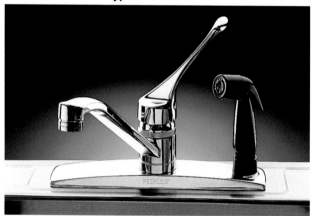

Les robinets à bille possèdent une poignée reposant sur un capuchon en forme de dôme.

Les robinets à cartouche sont disponibles avec une ou deux poignées. Achetez-les d'un fabricant reconnu pour trouver facilement des pièces de remplacement.

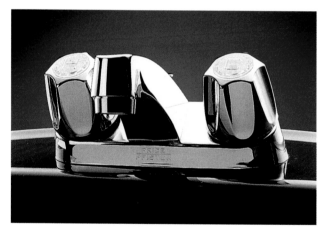

Les robinets à rondelle ou à compression comportent deux poignées. En fermant le robinet, vous sentez le moelleux de la rondelle de caoutchouc qui se comprime.

Les robinets à valve à disques n'ont qu'une poignée et un bâti en laiton chromé. Ils sont durables et se réparent facilement.

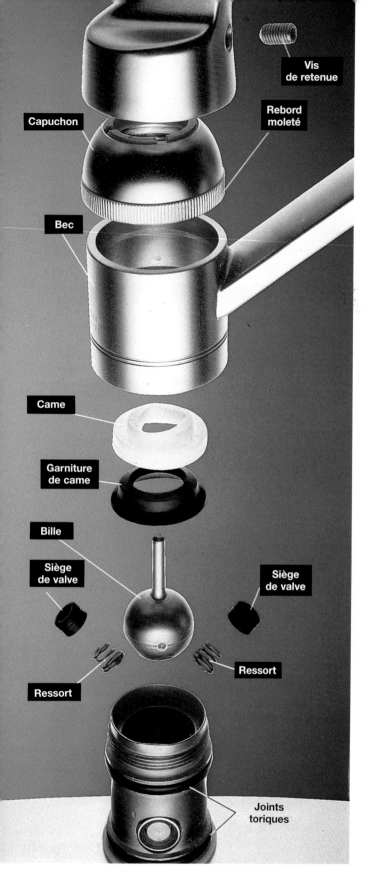

Vis de retenue

Capuchon

Rebord moleté

Bec

Came

Garniture de came

Bille

Siège de valve

Siège de valve

Ressort

Ressort

Joints toriques

Réparer un robinet à bille

Ce type de robinet comporte une seule poignée et se distingue par la présence d'une bille creuse, en métal ou en plastique, se trouvant dans la base surmontée d'un capuchon arrondi. Si le robinet coule par le bec, tentez de resserrer le capuchon avec une pince multiprise. Si ce n'est pas suffisant, démontez-le et remplacez les pièces défectueuses.

Les fabricants offrent plusieurs types d'ensembles de réparation. Certains ne contiennent que les ressorts et les sièges de valves. Le meilleur choix sera celui qui offre également la came et sa garniture.

Ne remplacez la bille que si elle est très usée ou égratignée et employez une bille de plastique ou de métal. Cette dernière est plus dispendieuse mais aussi plus durable.

N'oubliez pas de couper l'alimentation d'eau.

CE DONT VOUS AVEZ BESOIN :

Outils : pince multiprise, clé hexagonale, tournevis, couteau.

Matériaux : ensemble de réparation, nouvelle bille (si nécessaire), ruban-cache, anneaux (joints toriques), graisse thermorésistante.

Bille de remplacement

Clé hexagonale

Le robinet à bille comporte une bille qui contrôle la température et le débit d'eau. L'égouttement par le bec est causé par l'usure des sièges de valves, des ressorts ou de la bille. Les fuites à la base sont le fait de joints toriques (ou anneaux) endommagés.

Les ensembles de réparation comprennent les sièges de valves en caoutchouc, les ressorts, la came et sa garniture et les joints toriques. On y trouve quelquefois une clé pour démonter la poignée. La bille s'achète séparément, si nécessaire.

Réparer un robinet à bille

1 Desserrez la vis avec une clé hexagonale. Enlevez la poignée pour exposer le capuchon.

2 Retirez le capuchon à l'aide d'une pince multiprise. Évitez les égratignures en enveloppant les mâchoires de ruban-cache.

3 Soulevez la came, la garniture et la bille. Vérifiez s'il y a des signes d'usure.

4 A l'aide d'un tournevis, retirez les ressorts et les sièges en néoprène.

5 Enlevez le bec en tournant vers le haut. Coupez les vieux anneaux. Enduisez les nouveaux de graisse thermorésistante et installez-les. Remettez le bec en place pour qu'il soit bien appuyé sur la bague de plastique. Installez les nouveaux sièges et les ressorts.

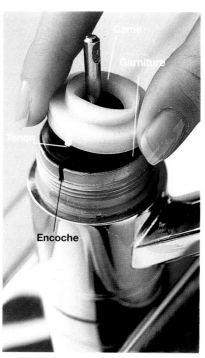

6 Installez la bille, la nouvelle garniture et la came. Le tenon doit s'insérer dans l'encoche. Vissez le capuchon puis fixez la poignée.

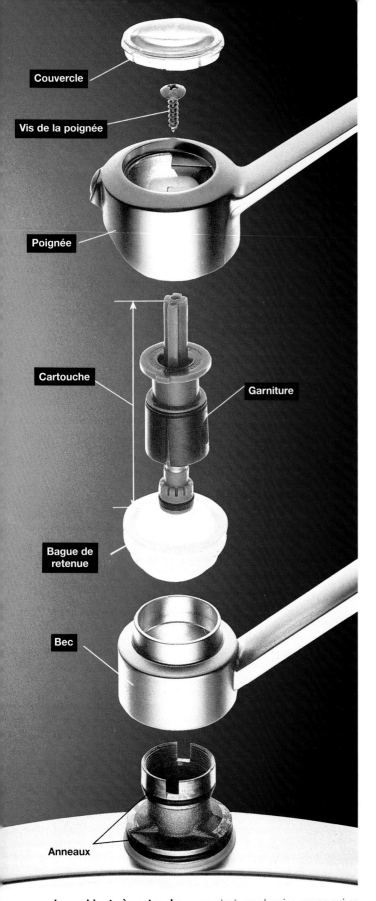

Couvercle

Vis de la poignée

Poignée

Cartouche

Garniture

Bague de retenue

Bec

Anneaux

Les robinets à cartouche comportent une chemise creuse qui se soulève et tourne pour contrôler le débit et la température de l'eau. L'égouttement par le bec est dû à l'usure des garnitures. Les fuites à la base du robinet sont causées par des anneaux endommagés.

Réparer un robinet à cartouche

Ce type de robinet possède une cartouche étroite en plastique ou en métal glissée dans son enveloppe. Il peut comporter une ou deux poignées.

Le remplacement d'une cartouche est très simple et éliminera la plupart des fuites. Apportez la vieille cartouche au magasin pour trouver un modèle identique.

Assurez-vous de placer la nouvelle cartouche dans le même sens que l'ancienne. Si l'eau chaude et froide sont inversées, démontez le robinet et déplacez la cartouche d'un demi-tour.

N'oubliez pas de couper l'alimentation d'eau.

CE DONT VOUS AVEZ BESOIN :

Outils : tournevis, pince multiprise, couteau.

Matériaux : cartouche de remplacement, anneaux, graisse thermorésistante.

Les cartouches de remplacement sont légion. Elles sont disponibles pour toutes les marques populaires. Les anneaux peuvent être achetés séparément.

Réparer un robinet à cartouche

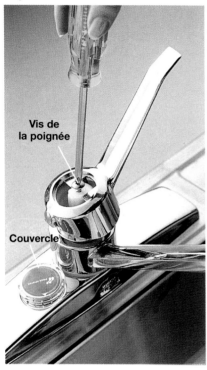

1 Enlevez le couvercle et retirez la vis qui retient la poignée.

2 Soulevez la poignée avec un léger mouvement vers l'arrière.

3 Dévissez la bague de retenue avec une pince multiprise. Enlevez les attaches qui peuvent retenir la cartouche.

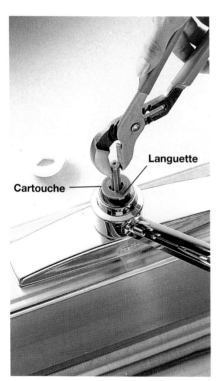

4 Enserrez la tige de la cartouche avec la pince et tirez vers le haut. installez la nouvelle cartouche de manière à ce que la languette soit devant.

5 Soulevez le bec en tournant et coupez les vieux anneaux avec un couteau. Enduisez les nouvelles pièces de graisse et mettez en place.

6 Remettez le bec et vissez la bague de retenue sur le robinet. Serrez avec la pince, installez la poignée, la vis et le couvercle.

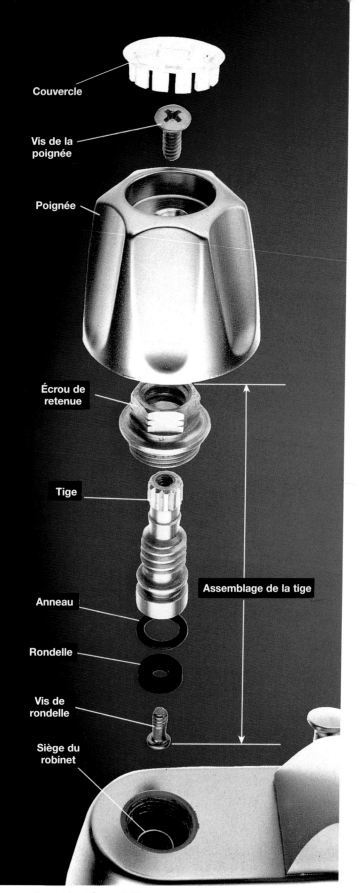

Couvercle

Vis de la poignée

Poignée

Écrou de retenue

Tige

Assemblage de la tige

Anneau

Rondelle

Vis de rondelle

Siège du robinet

Réparer un robinet à rondelle

Les robinets à rondelle ont des contrôles séparés pour l'eau chaude et froide et se distinguent par un ensemble-tige fileté se trouvant dans le bâti. Ils existent en différents modèles, mais comportent tous le même type de rondelles d'étanchéité pour contrôler le débit. Ces robinets fuient quand les rondelles ou la garniture autour de la tige sont usées.

Les poignées des vieux robinets sont souvent difficiles à enlever, à cause de la corrosion. Il existe un outil, appelé tire-poignée, qui permet d'en venir à bout.

CE DONT VOUS AVEZ BESOIN :

Outils : tournevis, tire-poignée, pince multiprise, couteau, clé à siège ou outil à roder (si nécessaire).

Matériaux : ensemble de rondelles, garniture torsadée, graisse thermorésistante, sièges de valve de remplacement (si nécessaires).

Le robinet à rondelle comporte un ensemble-tige composé des éléments suivants : tige, écrou de retenue, embout cannelé, joint torique, rondelle et vis. L'égouttement par le bec est dû à une rondelle usée. Une fuite à la base est causée par un anneau endommagé.

L'ensemble de rondelles universel comprend des pièces qui conviendront à la plupart des robinets à rondelle. Choisissez-en un qui offre un assortiment de rondelles, d'anneaux et de vis en cuivre.

Trucs pour réparer un robinet à rondelle

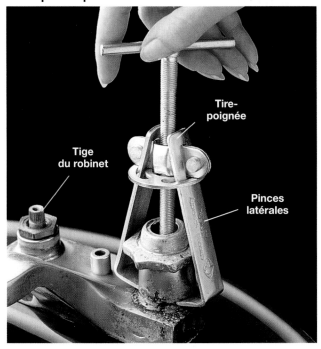

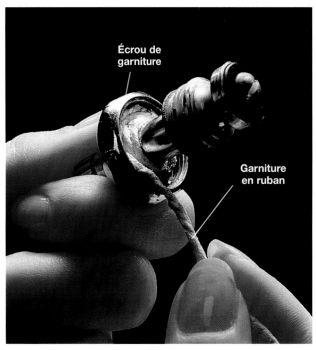

Enlevez les poignées récalcitrantes avec l'outil approprié. Retirez d'abord le couvercle et la vis de la poignée. Assurez ensuite les pinces de l'outil sous la poignée, et actionnez en vissant jusqu'à ce qu'elle se dégage.

La garniture en ruban remplace quelquefois les anneaux. Pour arrêter les fuites, enroulez le fil de garniture autour de la tige, juste sous l'écrou.

Trois modèles courants de tiges

Une tige ordinaire possède une vis qui retient une rondelle plate ou biseautée à son extrémité. Si la vis est usée, remplacez-la.

Celle-ci est **munie d'un diaphragme** qui tient lieu de rondelle. Remplacez-le pour éliminer les fuites.

La tige à renversement de pression porte une rondelle biseautée à son extrémité. Pour remplacer la rondelle, séparez la tige de l'ensemble. Certaines tiges comportent un écrou de retenue pour la rondelle.

Réparer un robinet à rondelle

1 Retirez le couvercle et la vis de retenue. Enlevez ensuite la poignée en tirant vers le haut. Utilisez un tire-poignée si nécessaire.

2 Enlevez l'assemblage de la tige à l'aide d'une pince multi-prise. inspectez le siège du robinet et remplacez-le ou rodez-le selon la cas. Si la tige ou le bâti du robinet sont fortement endommagés, remplacez le robinet.

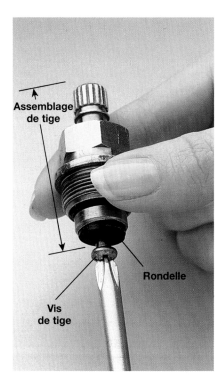

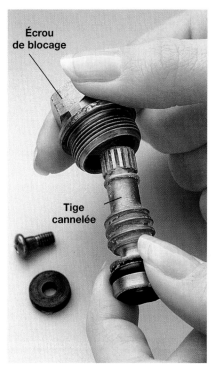

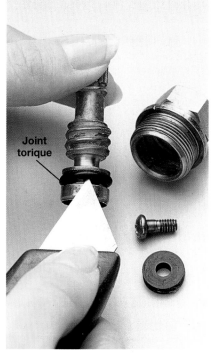

3 Enlevez la vis de la rondelle usée.

4 Séparez la tige de l'écrou.

5 Coupez l'anneau et remplacez-le par un nouveau. Installez une rondelle et une vis neuves. Enduisez toutes les pièces de graisse et assemblez le robinet.

Remplacer les sièges de valve

1 Vérifiez l'état du siège en y touchant avec le bout du doigt. S'il semble rugueux, remplacez-le ou utilisez un outil à roder pour l'adoucir.

Clé à siège

2 Enlevez le siège avec une clé du bon format, en tournant dans le sens contraire des aiguilles d'une montre. installez-en un identique. S'il est impossible de le retirer, rodez le siège avec un outil à roder.

Roder les sièges de valve

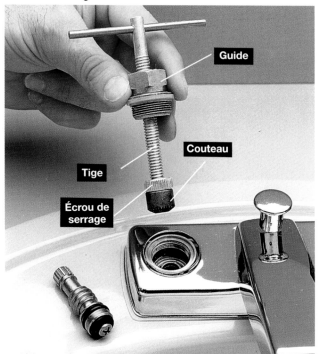

Guide

Couteau

Tige

Écrou de serrage

1 Choisissez le couteau qui s'adapte au guide. Glissez tout d'abord celui-ci sur la tige, puis enfilez l'écrou et le couteau.

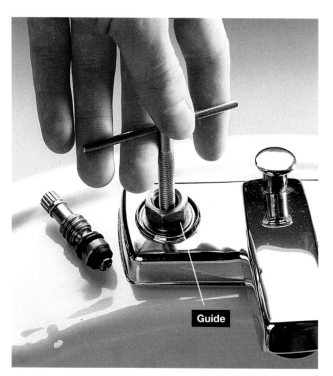

Guide

2 Vissez le guide dans le bâti sans trop serrer. Pressez légèrement l'outil vers le bas et faites tourner la poignée de gauche à droite deux ou trois fois. Remontez le robinet.

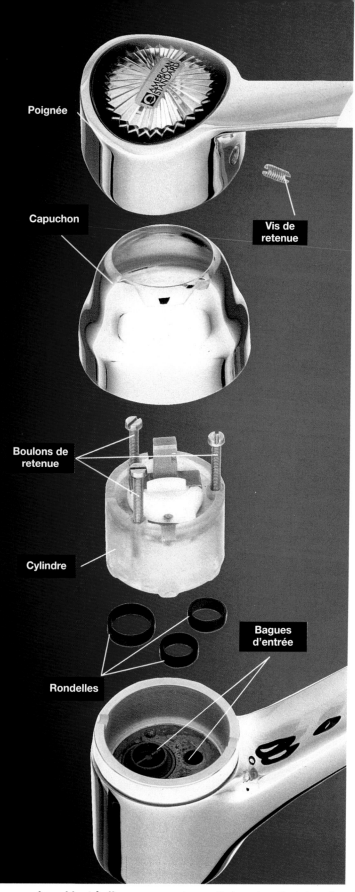

Poignée

Capuchon

Vis de retenue

Boulons de retenue

Cylindre

Rondelles

Bagues d'entrée

Réparer un robinet à disques

Ce type de robinet comporte une seule poignée et se reconnaît au gros cylindre qui en compose le corps. Ce cylindre contient une paire de disques bien ajustés qui contrôlent le débit d'eau.

Le robinet à disques de céramique est de qualité supérieure et se répare facilement. D'habitude, il suffit de retirer le cylindre et de nettoyer les garnitures de néoprène et les ouvertures. Si malgré tout la fuite persiste, remplacez le cylindre.

Après la réparation, assurez-vous que le robinet se trouve en position ouverte (*ON*) avant de rétablir l'alimentation par les valves d'arrêt. Les disques de céramique pourraient être endommagés par la pression soudaine. Quand le débit devient régulier, fermez le robinet.

N'oubliez pas de couper l'alimentation d'eau.

CE DONT VOUS AVEZ BESOIN :

Outil : tournevis
Matériaux : tampon à récurer, cylindre de remplacement (si nécessaire).

Le robinet à disques comporte un cylindre qui contient deux disques de céramique. La poignée du robinet contrôle l'eau en plaçant les disques dans l'alignement voulu. Un égouttement par le bec peut survenir quand les garnitures de néoprène ou les disques sont sales.

Un cylindre de remplacement n'est nécessaire que si le robinet fuit encore après un nettoyage. Un égouttement continu indique que les disques sont fendus ou rayés. Les disques de remplacement sont offerts avec les garnitures et les vis de montage.

Réparer un robinet à disques de céramique

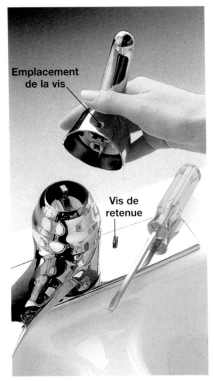

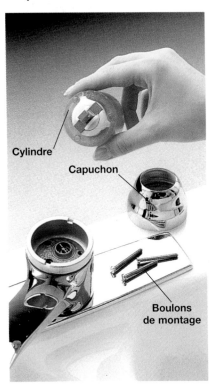

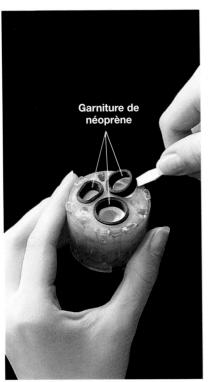

1 Déplacez le bec sur le côté et soulevez la poignée. Enlevez la vis et enlevez la poignée.

2 Retirez le capuchon et les boulons. Enlevez le cylindre.

3 Retirez les garnitures des entrées du cylindre.

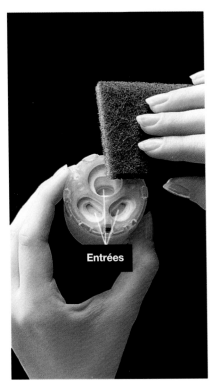

4 Nettoyez les entrées du cylindre et les garnitures avec un tampon à récurer. Rincez à l'eau claire.

5 Replacez les garnitures dans le cylindre et remontez le robinet. Placez la poignée en position ouverte (ON) et ouvrez lentement les valves d'alimentation. Quand le débit redevient régulier, fermez le robinet.

N'installez un nouveau cylindre que si la fuite persiste après le nettoyage.

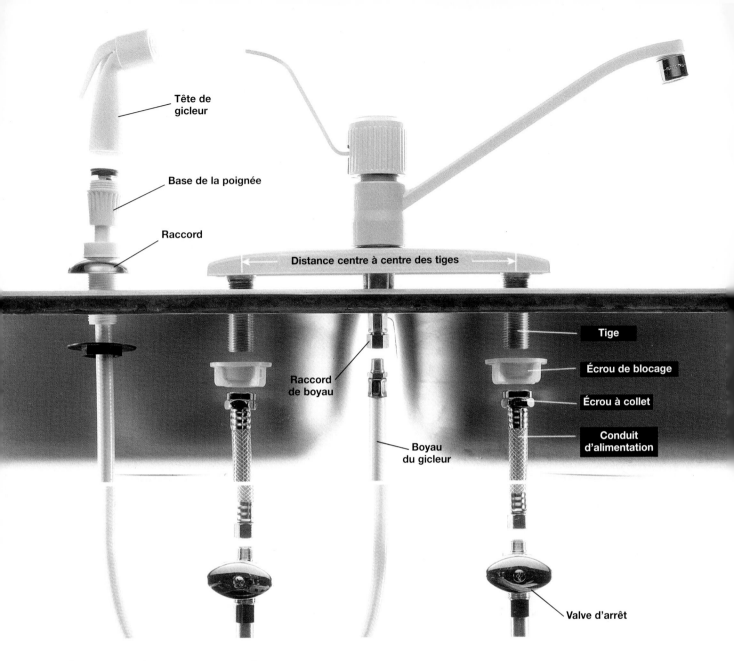

Tête de gicleur

Base de la poignée

Raccord

Distance centre à centre des tiges

Tige

Écrou de blocage

Écrou à collet

Conduit d'alimentation

Raccord de boyau

Boyau du gicleur

Valve d'arrêt

Réparer un robinet mélangeur

L'installation d'un nouveau robinet est un travail simple qui vous prendra à peine une heure. Avant de l'acheter, il est important de prendre les mesures exactes entre les ouvertures de l'évier. Ce sont les mesures de centre à centre qui comptent.

Choisissez un robinet parmi les produits offerts par un fabricant reconnu ; le cas échéant, les pièces de rechange seront faciles à trouver. Prenez en compte que les meilleurs robinets ont un bâti tout en laiton. Certains fabricants offrent des garanties prolongées.

Profitez de l'occasion pour remplacer les conduits d'alimentation et installer des valves d'arrêt.

N'oubliez pas de couper l'alimentation d'eau.

CE DONT VOUS AVEZ BESOIN :

Outils : clé coudée ou pince multiprise, couteau à mastiquer, pistolet à calfeutrer, clés à molette.

Matériaux : huile pénétrante, pâte à calfeutrer au silicone ou mastic de plombier, deux conduits d'alimentation flexibles.

Enlever un vieux robinet

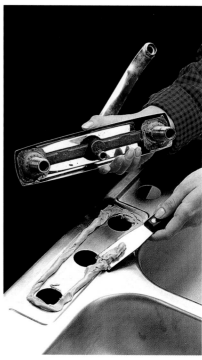

1 Vaporisez de l'huile pénétrante sur les écrous et utilisez une clé coudée ou une pince muitiprise pour les enlever.

2 L'avantage de la clé coudée est son long manche qui permet d'accéder aux endroits difficiles.

3 Enlevez le robinet et utilisez un couteau à mastiquer pour faire disparaître les traces de pâte de la surface de l'évier.

Variations sur les branchements

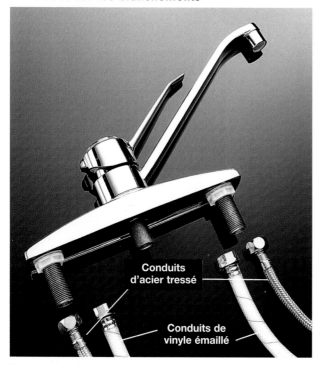

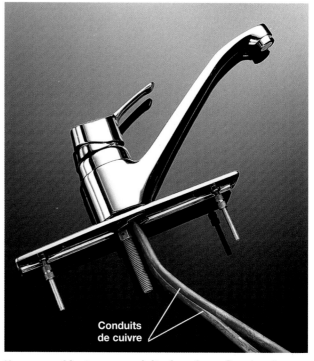

Pour un **nouveau robinet sans conduits pré-montés,** achetez deux conduits en acier ou en vinyle tressés (ci contre), du plastique PB ou encore du cuivre chromé.

Nouveau robinet avec conduits de cuivre : Branchez directement les conduits aux valves d'arrêt, à l'aide de raccords comprimés.

Installer un nouveau robinet

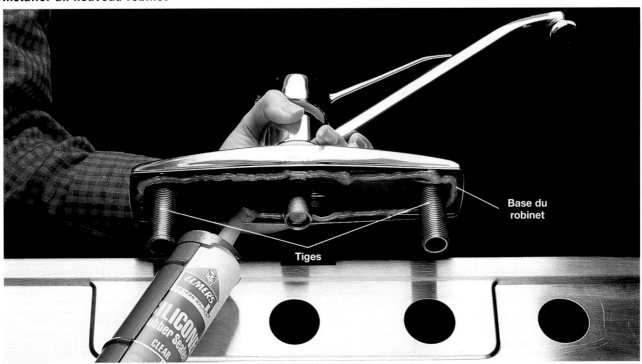

1 Appliquez une lisière de 1/4" de pâte à joint sous la base du robinet. Placez-le parallèlement à l'arrière de l'évier et pressez pous assurer l'étanchéité du joint.

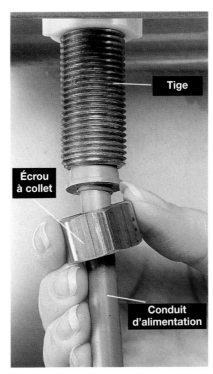

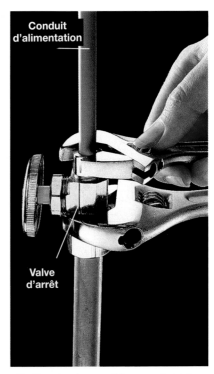

2 Glissez les rondelles et vissez les écrous de blocage sur les tiges. Serrez avec la clé coudée ou une pince. Enlevez l'excédent de pâte à joint.

3 Fixez les conduits aux tiges du robinet avec l'outil approprié.

4 Branchez les conduits aux valves d'arrêt avec des raccords comprimés. Serrez d'abord à la main et utilisez une clé à molette pour donner un quart de tour supplémentaire. Si nécessaire, employez une deuxième clé pour retenir la valve.

Brancher un robinet avec conduits

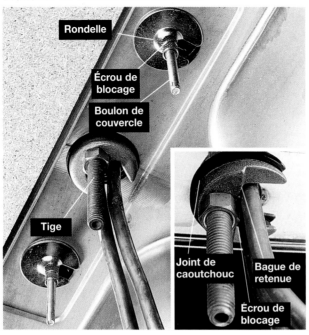

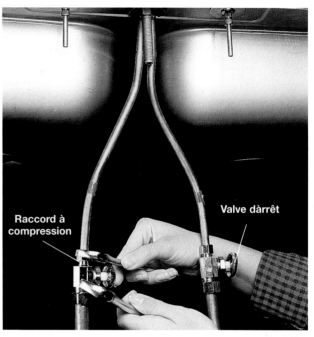

1 Fixez le robinet en plaçant le joint de caoutchouc, l'anneau de retenue et l'écrou de blocage sur la tige. Serrez l'écrou avec une clé coudée ou des pinces. Certains robinets avec entrée au centre ont un couvercle décoratif qui se fixe par le dessous à l'aide de rondelles et d'écrous.

2 Branchez les tuyaux pré-assemblés aux valves d'arrêt avec des raccords à compression. Le tuyau rouge est raccordé à l'eau chaude, le bleu à l'eau froide.

Brancher un gicleur

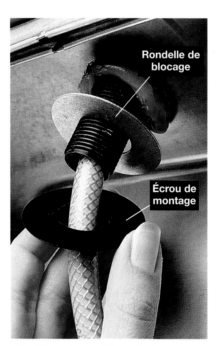

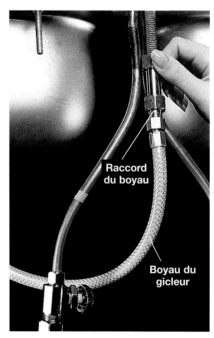

1 Appliquez une lisière de 1/4" de mastic ou de pâte au silicone sur les rebords de la base. Glissez la tige dans l'ouverture de l'évier.

2 Glissez la rondelle sur la tige et serrez l'écrou avec une clé ou une pince. Enlevez l'excès de mastic.

3 Vissez le boyau au raccord et utilisez une clé ou une pince pour donner un quart de tour.

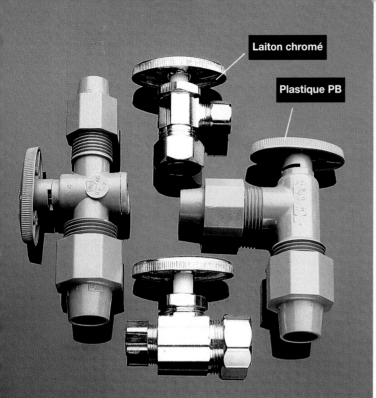

Laiton chromé

Plastique PB

Plastique PB

Acier tressé

Cuivre chromé

Vinyle maillé

Les valves d'arrêt vous permettent de couper l'alimentation d'eau de chacun des appareils. Certaines sont faites de laiton chromé et d'autres de plastique. Elles existent en diamètres de 1/2" et 3/4" pour s'ajuster aux tuyaux de grosseurs courantes.

Les tuyaux d'entrée sont utilisés pour brancher les appareils sanitaires aux conduits d'alimentation, Ils existent en longueurs de 12", 20" ou 30". Le plastique PB et le cuivre chromé sont peu coûteux, tandis que le vinyle maillé et l'acier tressé sont faciles à installer.

Installer des valves d'arrêt et des tuyaux d'entrée

Des valves ou des tuyaux d'entrée usés peuvent causer des fuites sous les éviers ou autres appareils. Essayez de resserrer les raccords avec une clé à molette. Si cela ne fonctionne pas, remplacez-les.

On peut se procurer des valves d'arrêt comportant différents types de raccords. Pour les tuyaux de cuivre, les valves avec raccord à compression sont préférables. Avec des tuyaux de plastique, utilisez des raccords cannelés. Les valves à raccord au filetage femelle conviendront à l'acier galvanisé.

Si votre système de plomberie ne comporte pas de valves d'arrêt, profitez des réparations pour procéder à leur installation.

CE DONT VOUS AVEZ BESOIN :

Outils : scie à métaux, coupe-tuyau, clé à molette, crayon feutre.

Matériaux : valves d'arrêt, tuyaux d'entrée, pâte à joint.

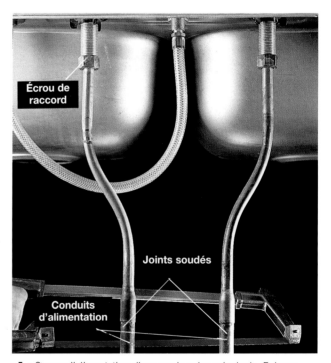

Écrou de raccord

Joints soudés

Conduits d'alimentation

1 Coupez l'alimentation d'eau par la valve principale. Enlevez les vieux tuyaux d'entrée. Si ce sont des tuyaux de cuivre soudés, faites une coupe droite juste sous le joint avec une scie à métaux ou un coupe-tuyau. Enlevez les écrous de raccord et jetez les vieux tuyaux.

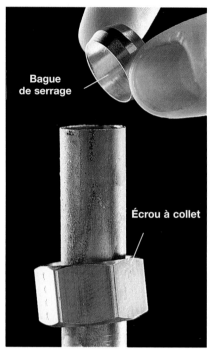

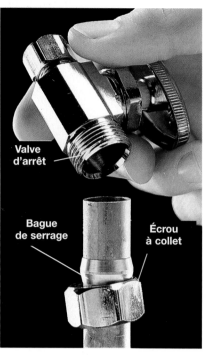

2 Glissez d'abord l'écrou et ensuite la bague sur le tuyau de cuivre. Les filets doivent être orientés vers le bout du tuyau.

3 Glissez la valve d'arrêt sur le tuyau. Enduisez la bague de pâte à joint. Assemblez le tout et serrez avec une clé à molette.

4 Courbez le cuivre chromé à l'aide d'une cintreuse, en courbant doucement, afin qu'il s'aligne avec la valve d'arrêt et le conduit d'alimentation.

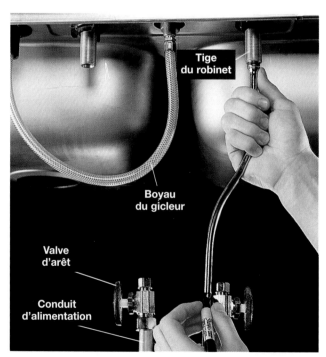

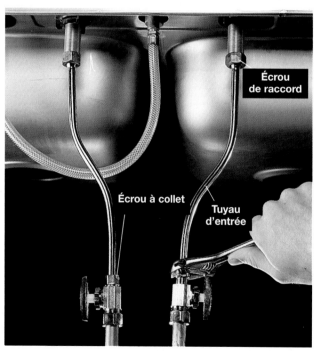

5 Placez le tuyau d'entrée entre la tige et la valve et marquez la longueur au crayon feutre. Coupez le tuyau avec un coupe-tuyau.

6 Attachez l'extrémité ronde du tuyau d'entrée à la tige, à l'aide de l'écrou de raccord, et l'autre extrémité à la valve avec la bague de serrage et l'écrou à collet. Resserrez avec une clé à molette.

Réparer les gicleurs et les aérateurs

Si la pression d'un gicleur d'évier semble basse, ou si l'eau coule de la poignée, des sédiments se sont probablement accumulés et ils ont bouché les petits trous situés dans la tête du gicleur. Pour résoudre le problème, démontez le gicleur et nettoyez toutes les pièces. Si le nettoyage ne suffit pas, le problème est sans doute causé par une valve de dérivation défectueuse. Cette valve se trouve dans le corps du robinet et elle conduit l'eau du bec au gicleur en actionnant la poignée. Nettoyer ou remplacer la valve de dérivation peut résoudre les problèmes de pression.

   Lorsque vous réparez un gicleur, examinez attentivement le boyau, il est peut être fendu. S'il l'est, remplacez-le. Si la pression du robinet semble faible ou si le flot est entravé, enlevez l'aérateur et nettoyez les pièces. L'aérateur est un dispositif vissé à l'extrémité du bec et composé d'une grille mélangeant des bulles d'air à l'eau qui coule. Assurez-vous que cette petite grille métallique n'est pas obstruée par des dépôts calcaires. Si la pression d'eau est faible dans toute la maison, il se pourrait que la corrosion ait atteint les tuyaux d'acier galvanisé. Ils devraient alors être remplacés par des tuyaux de cuivre.

CE DONT VOUS AVEZ BESOIN :

Outils : tournevis, pince multiprise, pince à long bec, petite brosse.
Matériaux : vinaigre, ensemble de rondelles d'étanchéité, graisse thermorésistante, boyau de gicleur.

Nettoyez les aérateurs et les gicleurs pour régler la plupart des problèmes de pression. Démontez l'aérateur ou la tête du gicleur et nettoyez-les avec une petite brosse trempée dans le vinaigre.

Réparer une valve de dérivation

Valve de dérivation

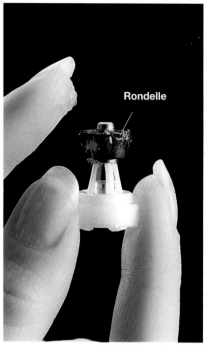

Rondelle

1 Fermez le conduit d'alimentation d'eau. Enlevez la poignée du robinet et le bec. La méthode varie selon le type de robinet.

2 Retirez la valve de dérivation du corps du robinet avec une pince à long bec. Utilisez une petite brosse trempée dans le vinaigre pour nettoyer les dépôts.

3 Si vous le pouvez, remplacez les anneaux desséchés ou les rondelles. Enduisez de graisse thermorésistante les nouvelles pièces, réinstallez la valve et remontez le robinet.

Remplacer le boyau du gicleur

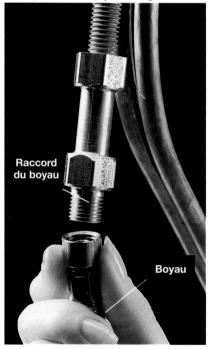

Raccord du boyau

Boyau

Rondelle

Base du gicleur

Anneau de retenue

Base du gicleur

1 À l'aide d'une pince multiprise, détachez le boyau du raccord. Ensuite, dégagez le boyau.

2 Dévissez la tête du gicleur de sa base et enlevez la rondelle.

3 Enlevez l'anneau de retenue avec une pince à long bec et jetez le vieux boyau. Rattachez la base, l'anneau, la rondelle et la tête du gicleur au nouveau boyau et fixez-le au raccord de boyau du robinet.

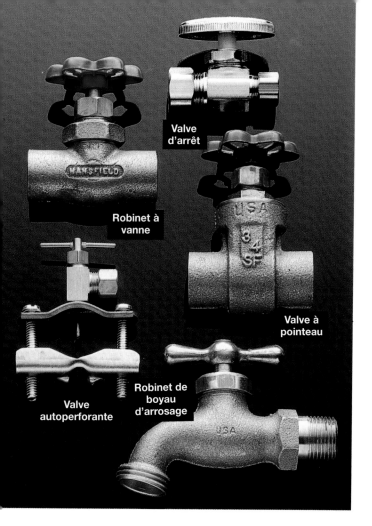

Valve d'arrêt

Robinet à vanne

Valve à pointeau

Valve autoperforante

Robinet de boyau d'arrosage

Réparer les valves et les robinets d'arrosage

Les valves permettent de fermer l'eau à n'importe quel endroit du système d'alimentation. Si un tuyau éclate ou un appareil fuit, vous pouvez interrompre l'alimentation de la section endommagée et réparer les défectuosités. Un robinet d'arrosage possède un bec fileté nécessaire au branchement d'un boyau ou d'un appareil.

Les valves et les robinets d'arrosage fuient lorsque leurs rondelles ou leurs joints sont usés. On peut se procurer des pièces de remplacement, dans les ensembles «universels» destinés aux robinets à compression. Enduisez les rondelles et les joints toriques de graisse thermorésistante; ils garderont leur souplesse et ne se fendilleront pas.

Rappelez-vous de couper l'alimentation d'eau avant d'entreprendre les travaux.

CE DONT VOUS AVEZ BESOIN :

Outils : tournevis, clé à molette.

Matériaux : ensemble de rondelles, graisse de plomberie.

Réparer un robinet d'arrosage

Presse-étoupe

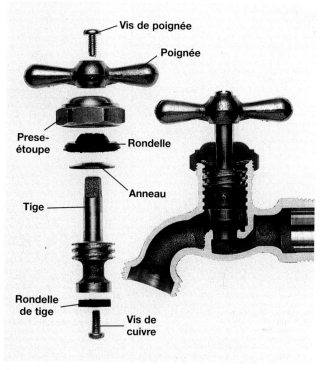

Vis de poignée

Poignée

Presse-étoupe

Rondelle

Anneau

Tige

Rondelle de tige

Vis de cuivre

1 Retirez la vis de la poignée et soulevez-la. Dévissez le presse-étoupe avec une clé à molette.

2 Détachez la tige du robinet. Enlevez la vis de tige. Ensuite, remplacez la rondelle et la garniture. Remontez la valve.

Principaux types de valves et robinets

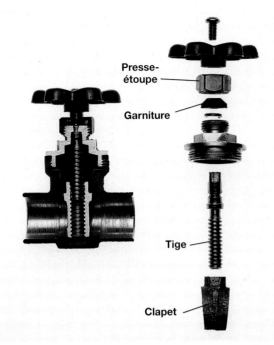

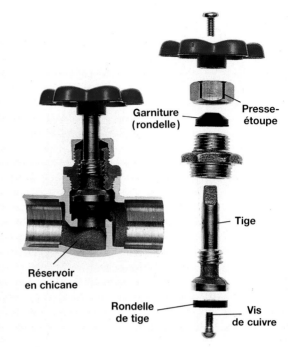

Le robinet à vanne comporte une vanne, ou barrière, qui pivote afin de contrôler le débit d'eau. Lorsque l'eau fuit par la poignée, réparez-la en remplaçant la garniture sous le presse-étoupe.

La valve à soupape possède un réservoir en chicane. Réparez les fuites autour de la poignée en remplaçant la garniture. Si la fuite persiste, remplacez la rondelle de tige

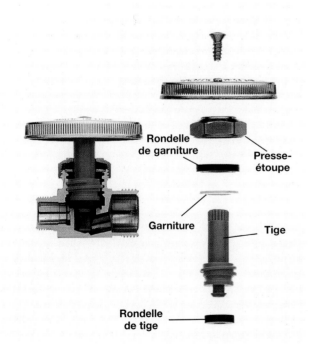

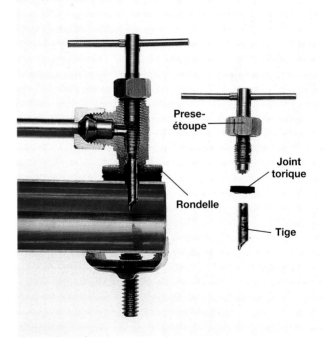

Une valve d'arrêt contrôle l'arrivée d'eau vers un seul appareil. cette valve est munie d'une tige en plastique, comprenant une garniture et une rondelle insérée à pression. Réparez les fuites autour de la poignée en remplaçant la garniture. Si la fuite persiste, remplacez la rondelle de tige.

La valve autoperforante est un raccord qui permet de brancher un filtre à eau, ou un réfrigérateur à glace, aux tuyaux de cuivre. Cette valve possède une tige qui perce le conduit d'eau la première fois qu'elle est fermée. Le joint est scellé d'une rondelle de caoutchouc. Réparez les fuites autour de la poignée en remplaçant le joint torique sous le presse-étoupe.

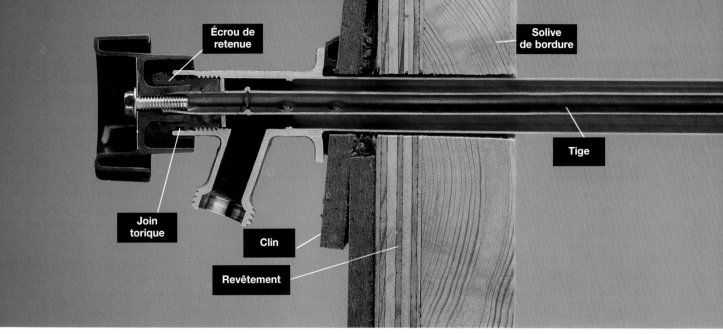

Écrou de retenue

Solive de bordure

Tige

Join torique

Clin

Revêtement

Le robinet antigel est placé contre la solive de bordure et possède une tige qui pénètre de 6" à 30" dans le conduit intérieur de la maison. Le robinet devrait être légèrement incliné pour en faciliter le drainage. La rondelle d'étanchéité de la tige et le joint torique peuvent être

Installer et réparer les robinets extérieurs

Le robinet d'arrosage est à compression et il est situé à l'extérieur de la maison. Réparez-le en remplaçant le joint torique et la rondelle de tige.

Le gel peut endommager ce type de robinet. Habituellement, ce sont les tuyaux qui écopent (voir le chapitre sur ce sujet). Pour prévenir l'éclatement des tuyaux, fermez, avant l'hiver, la valve d'arrêt située à l'intérieur de la maison ; enlevez les boyaux ; et ouvrez le robinet extérieur pour laisser l'eau s'écouler.

Les robinets antigel possèdent une longue tige qui s'insère, sur une longueur d'au moins 6", dans le conduit intérieur de la maison. Installez ce type de robinet en l'inclinant légèrement vers l'extérieur, à partir de la valve d'arrêt, l'eau s'égouttera à l'extérieur.

N'oubliez pas de couper l'alimentation d'eau avant d'entreprendre les travaux.

CE DONT VOUS AVEZ BESOIN :

Outils : tournevis, pince multiprise, crayon, perceuse à angle droit ou traditionnelle, mèche à bois de 1", pistolet à calfeutrer, scie à métaux ou coupe-tuyau, chalumeau.

Matériaux : ensemble de rondelles, robinet antigel, calfeutrant de silicone, vis de 2" non corrosives, tuyau de cuivre, raccord en T, ruban de teflon, raccord fileté, valve d'arrêt, papier d'émeri, pâte à souder (flux), soudure.

Réparer un robinet extérieur

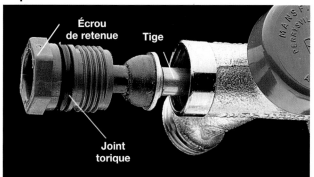

Écrou de retenue **Tige**

Joint torique

1 Retirez la poignée du robinet et desserrez l'écrou de retenue avec une pince multiprise. Retirez la tige et remplacez les joints toriques.

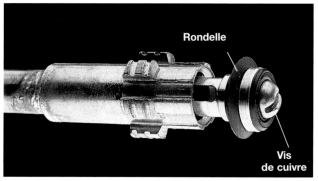

Rondelle

Vis de cuivre

2 Retirez la vis à la base de la tige et remplacez la rondelle. Remontez le robinet.

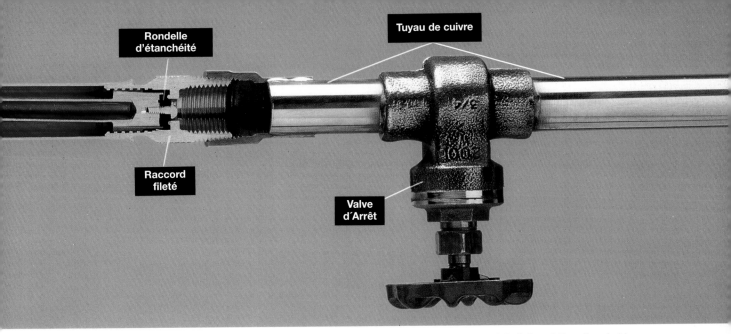

Rondelle d'étanchéité

Tuyau de cuivre

Raccord fileté

Valve d'Arrêt

remplacés si le robinet fuit. Dans une installation en tuyau de cuivre, le robinet est branché sur un conduit d'alimentation d'eau froide avec un raccord fileté, deux bouts de tuyau de cuivre et une valve d'arrêt. Un raccord en T, non illustré, est utilisé quand il faut se brancher sur un conduit existant.

Installer un robinet antigel

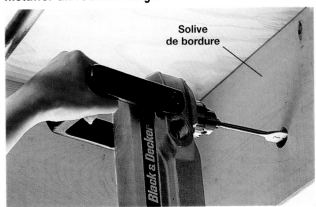

Solive de bordure

1 Marquez l'emplacement du robinet. À partir du conduit d'eau froide le plus proche, marquez la solive, mais un peu plus bas que le conduit. Percez un trou dans la solive, le revêtement et le parement avec une mèche à bois de 1".

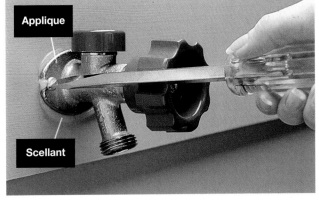

Applique

Scellant

2 Appliquez un épais bourrelet de silicone derrière l'applique du robinet et fixez-la au parement avec des vis de 2". Ouvrez le robinet et essuyez l'excédent de silicone.

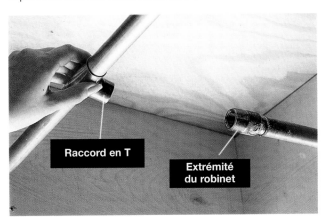

Raccord en T

Extrémité du robinet

3 Marquez le conduit d'eau froide, coupez-le et installez le raccord. Enroulez du ruban de teflon autour du tuyau du robinet.

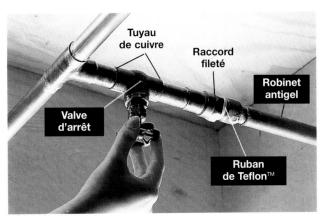

Tuyau de cuivre

Raccord fileté

Robinet antigel

Valve d'arrêt

Ruban de Teflon™

4 Joignez le raccord en T avec un raccord fileté, une valve d'arrêt et deux longueurs de tuyau de cuivre. Soudez les joints. Ouvrez l'eau et fermez le robinet lorsque le débit d'eau est régulier.

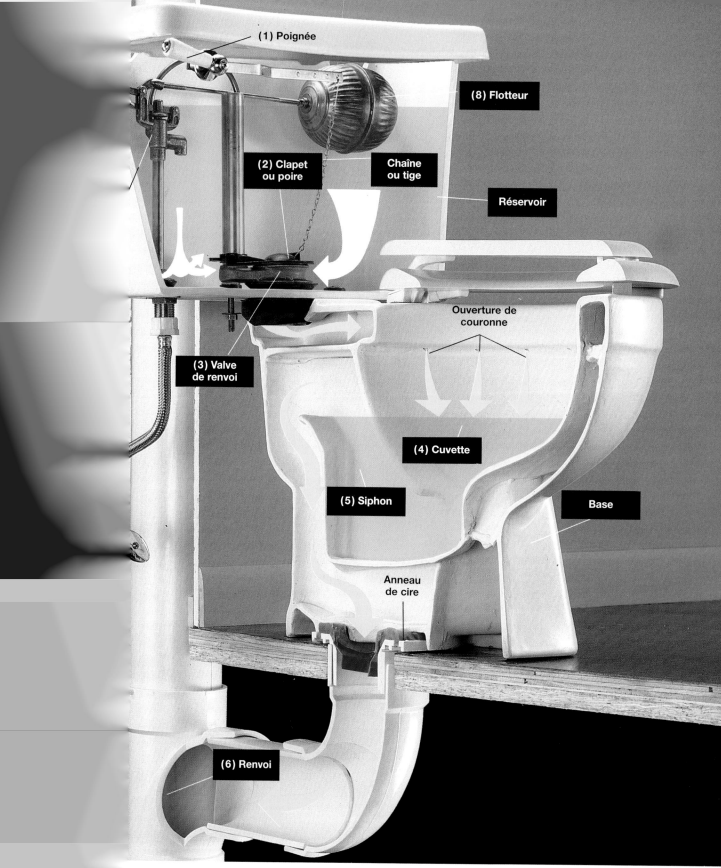

(1) Poignée

(8) Flotteur

(2) Clapet ou poire

Chaîne ou tige

Réservoir

(3) Valve de renvoi

Ouverture de couronne

(4) Cuvette

(5) Siphon

Base

Anneau de cire

(6) Renvoi

des cabinets : en actionnant la **poignée** (1), le levier soulève la **poire** ou le **clapet** (2). L'eau passe alors par la) au fond du réservoir et s'écoule dans la **cuvette** (4). Les eaux usées de la cuvette sont évacuées par le **siphon** (5) :ipal (6). Lorsque le réservoir est vide, le clapet se ferme, l'eau s'écoule de la **soupape** (7) et remplit le réservoir. :e est contrôlée par le **flotteur** (8) qui reste à la surface de l'eau. Quand le réservoir est plein, le flotteur ferme soupape.

Les problèmes courants des cabinets

Un cabinet bouché représente le problème de plomberie le plus fréquent. Lorsqu'il y a débordement ou écoulement lent, utilisez un débouchoir de caoutchouc. Si le problème persiste, il se situe peut-être dans le système de renvoi ou de ventilation.

Généralement, les problèmes se règlent par des ajustements mineurs ne nécessitant aucun démontage ni remplacement de pièces.

Toutefois, si les ajustements mineurs sont insuffisants, il faudra envisager d'autres travaux. Les pièces d'un cabinet standard sont facilement démontables et la plupart des réparations s'effectuent en moins d'une heure.

Une flaque d'eau permanente autour du cabinet peut provenir d'une fente dans la base ou dans le réservoir. Un cabinet endommagé doit être remplacé et cette opération s'effectue en deux ou trois heures.

Un cabinet de modèle standard comporte un réservoir boulonné à la base. Ce type d'appareil fonctionne par gravité et se répare facilement. Les cabinets monoblocs fonctionnant avec une valve d'évacuation à haute pression sont difficiles à réparer et ils devraient l'être par un plombier.

PROBLÈMES	SOLUTIONS
La poignée colle ou résiste	1. Ajustez la chaîne. 2. Nettoyez et ajustez la poignée.
La poignée est lâche	1. Ajustez la poignée. 2. Attachez la chaîne ou la tige au levier.
La chasse ne fonctionne pas	1. Vérifiez l'arrivée d'eau. 2. Ajustez la chaîne ou la tige.
La chasse est incomplète	1. Ajustez la chaîne du levier. 2. Ajustez l'arrivée d'eau dans le réservoir.
Le cabinet déborde ou la chasse fonctionne trop lentement	1. Débouchez le cabinet. 2. Débouchez l'ensemble renvoi et évent.
L'eau s'écoule continuellement	1. Ajustez la chaîne ou la tige. 2. Remplacez le flotteur. 3. Réglez le niveau d'eau du réservoir. 4. Ajustez et nettoyez la valve d'entrée. 5. Remplacez la valve. 6. Réparez ou remplacez la soupape.
Écoulement d'eau sur le plancher	1. Resserrez les boulons du réservoir et les raccords. 2. Isolez le réservoir pour prévenir la condensation. 3. Remplacez l'anneau de cire. 4. Remplacez le réservoir ou la cuvette fendu.

Les ajustements mineurs

La plupart des problèmes de cabinet se règlent facilement en ajustant la poignée ou la chaîne ou la tige du levier.

Si la poignée colle ou résiste, retirez le couvercle du réservoir et nettoyez-la, ainsi que l'écrou de montage. Assurez-vous que la tige, soit droite.

Si la chasse est incomplète, l'ajustement de la tension de la chaîne réglera peut-être le problème.

Si la chasse ne fonctionne pas du tout, la chaîne est peut-être brisée ou détachée du levier.

L'écoulement continu peut être causé par une tige courbée, une chaîne lâche ou l'accumulation de dépôts sur la poignée ou sur l'écrou de montage.

CE DONT VOUS AVEZ BESOIN :

Outils : clé à molette, pince à long bec, tournevis, petite brosse métallique.
Matériaux : vinaigre.

Ajuster la poignée et la chaîne d'un cabinet

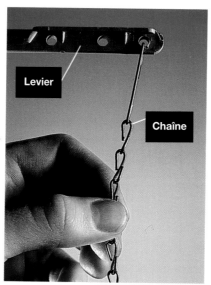

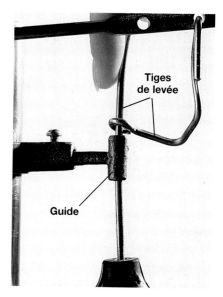

Nettoyez et ajustez l'écrou de la poignée ; vous améliorerez son fonctionnement. Le filet de l'écrou de montage est inversé. Tournez l'écrou dans le sens horaire pour le dévisser et dans l'autre sens pour le resserrer. Enlevez les dépôts accumulés sur les pièces à l'aide d'une brosse trempée dans le vinaigre.

Ajustez la chaîne de levée de manière qu'elle soit droite, tout en lui laissant un jeu de 1/2". Effectuez l'ajustement en la déplaçant le long du levier ou en enlevant des chaînons avec une pince à long bec. Remplacez la chaîne si elle est brisée.

Ajustez les tiges de levée pour qu'elles soient droites et fonctionnent facilement. Afin que la poignée ne résiste plus, redressez les tiges.

74

Reparer un cabinet qui coule

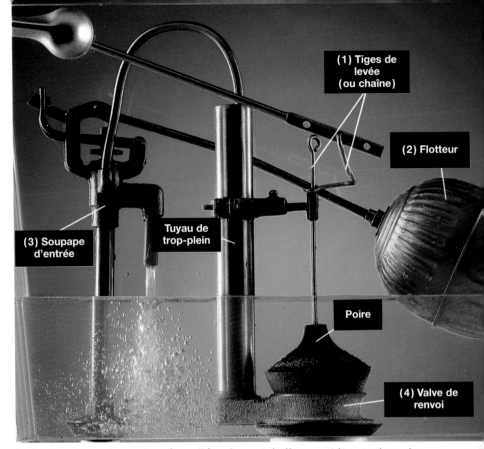

(1) Tiges de levée (ou chaîne)

(2) Flotteur

Tuyau de trop-plein

(3) Soupape d'entrée

Poire

(4) Valve de renvoi

Le bruit de l'eau qui coule survient lorsque l'eau continue à se déverser dans le réservoir après le cycle normal de la chasse. Un cabinet qui coule continuellement peut dépenser plus de 50 litres d'eau fraîche par jour.

Pour y remédier, secouez d'abord la poignée. Si l'écoulement cesse, cette dernière, ou les tiges de levée (ou la chaîne), doit être ajustée.

Si l'écoulement persiste lorsque vous secouez la poignée, retirez le couvercle et assurez-vous que le flotteur ne frotte pas sur la paroi du réservoir. S'il frotte, pliez le levier pour repositionner le flotteur. Assurez-vous également de son étanchéité en l'enlevant et en le secouant. S'il est percé, changez-le.

Si ces ajustements mineurs sont insuffisants, vous devrez ajuster la soupape d'entrée ou la valve de renvoi. La marche à suivre est décrite dans ce chapitre.

Le bruit incessant occasionné par l'écoulement de l'eau peut être causé par : les tiges de levée (ou la chaîne) (1) tordues ou brisées ; le flotteur (2) percé ou frottant sur la paroi du réservoir ; une soupape d'entrée (3) défectueuse qui ne coupe pas l'arrivée d'eau ; la valve de renvoi (4) qui laisse l'eau s'écouler dans la cuvette. D'abord, ajustez les tiges (ou la chaîne) et le flotteur. Si ces simples ajustements sont insuffisants, vous devrez réparer la soupape d'entrée ou la valve de renvoi.

CE DONT VOUS AVEZ BESOIN :

Outils : tournevis, petite brosse métallique, éponge, clés à molette, clé à écrou ou pince multiprise.

Matériaux : ensemble de rondelles d'étanchéité, soupape d'entrée (facultatif), rondelles, papier d'émeri, tampon à récurer, poire ou clapet, valve de renvoi (facultatif).

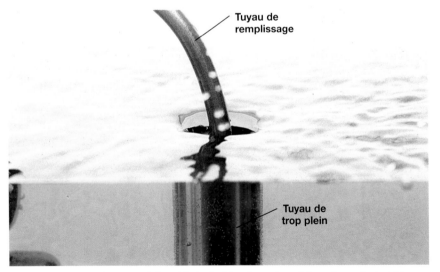

Tuyau de remplissage

Tuyau de trop plein

Vérifiez le tuyau de trop-plein, si le bruit d'écoulement persiste après avoir ajusté les tiges et le flotteur. Si l'eau pénètre dans le tuyau, la soupape d'entrée doit être réparée. D'abord, ajustez-la afin d'abaisser le niveau d'eau. Ensuite, si le problème n'est toujours pas réglé, réparez ou remplacez la soupape d'entrée et le flotteur. Lorsque l'eau n'entre pas dans le tuyau de trop-plein, la valve de renvoi doit alors être réparée. D'abord, vérifiez l'usure de la poire (ou du clapet) et remplacez-la au besoin. Si le problème persiste, remplacez la valve de renvoi.

Comment ajuster la soupape d'entrée pour régler le niveau d'eau

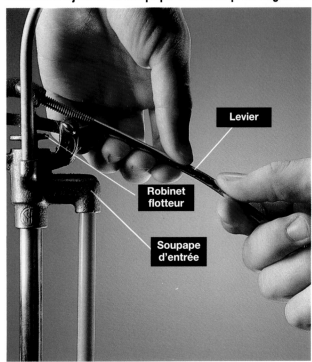

La soupape d'entrée à robinet flotteur traditionnelle est en cuivre. Le débit d'eau est contrôlé par un piston relié au levier et à la poire de soupape. Abaissez le niveau d'eau en pliant le levier vers le bas. Pliez-le vers le haut pour remonter le niveau.

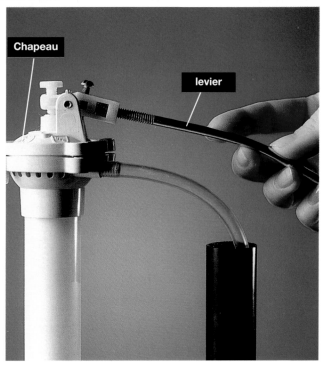

La soupape d'entrée à diaphragme est généralement en plastique et elle est coiffée d'un chapeau renfermant un collet de caoutchouc. Pliez légèrement le levier vers le bas pour abaisser le niveau d'eau et vers le haut pour le remonter.

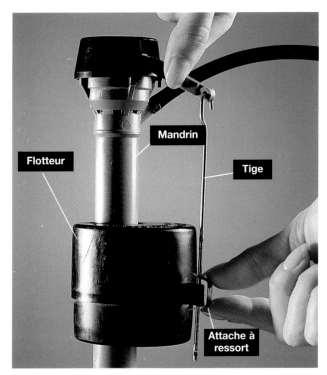

La soupape d'entrée à flotteur coulissant est en plastique et elle s'ajuste facilement. Abaissez le niveau d'eau en libérant l'attache à ressort et en déplaçant le flotteur vers le bas. Déplacez-le vers le haut pour hausser le niveau.

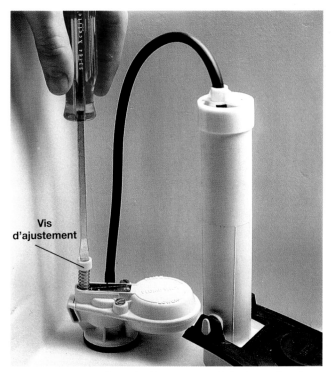

La soupape d'entrée sans flotteur contrôle le niveau d'eau à l'aide d'un détecteur. Abaissez le niveau d'eau en tournant la vis d'ajustement dans le sens contraire des aiguilles d'une montre ; haussez-le en tournant dans le sens horaire. ce type de soupape ne nécessite pas de réparations, mais elle devra être remplacée éventuellement.

Réparer une soupape d'entrée à robinet flotteur

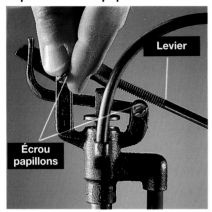

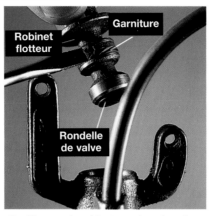

1 Coupez l'eau et actionnez la chasse pour vider le réservoir. Enlevez les écrous de la soupape et dégagez le levier.

2 Tirez sur le robinet pour le retirer. Enlevez la garniture, ou le joint torique ; puis, la rondelle de valve ainsi que la vis, s'il y en a une.

3 Installez les rondelles d'étanchéité. Nettoyez les dépôts avec une brosse métallique. Assemblez le tout.

Réparer une soupape d'entrée à diaphragme

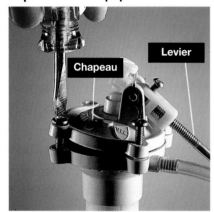

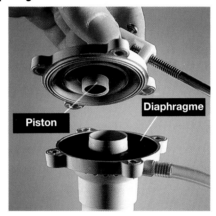

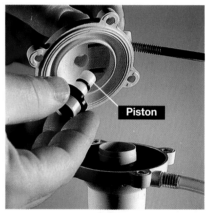

1 Coupez l'eau et videz le réservoir en actionnant la chasse. Retirez les vis du chapeau.

2 Soulevez le levier et le chapeau. Vérifiez l'usure du piston et du diaphragme.

3 Remplacez les pièces sèches ou fendues. Si l'ensemble est très usé, remplacez la soupape d'entrée au complet.

Réparer une soupape d'entrée à flotteur coulissant

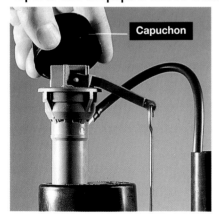

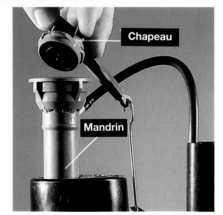

1 Coupez l'eau et videz le réservoir en actionnant la chasse. Retirez le capuchon de la valve.

2 Enlevez le chapeau en poussant vers le bas et en tournant dans le sens contraire des aiguilles d'une montre. Nettoyez les dépôts à l'intérieur de la soupape avec une brosse métallique.

3 Remplacez le collet. Si l'ensemble est très usé, remplacez la soupape d'entrée au complet.

Installer une nouvelle soupape d'entrée

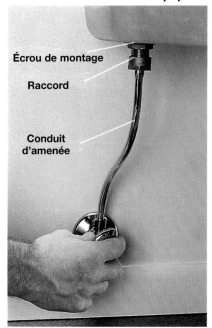

1 Coupez l'eau, videz le réservoir et épongez l'intérieur. Débranchez le conduit d'amenée en dévissant l'écrou de montage avec une clé à molette. Enlevez la vieille soupape.

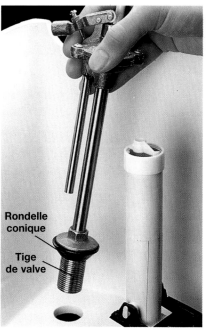

2 Posez une rondelle conique en l'enfilant sur la nouvelle tige.

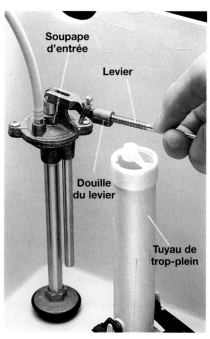

3 Alignez la douille du levier de manière à le faire passer derrière le tuyau de trop-plein. Vissez le levier à la soupape et le flotteur au levier.

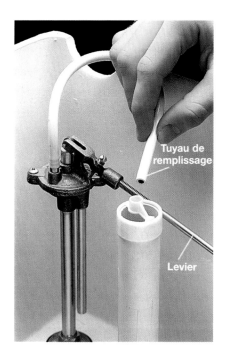

4 Pliez ou attachez le tuyau de remplissage à l'intérieur du tuyau de trop-plein.

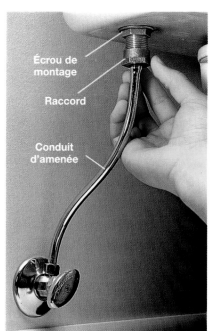

5 Vissez le raccord et l'écrou de montage du conduit dans la tige de valve et resserrez-les avec une clé à molette. Ouvrez l'eau et vérifiez s'il y a des fuites.

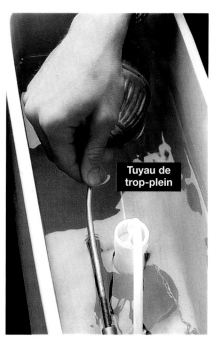

6 ajustez le niveau d'eau dans le réservoir à environ 1/2" du bord du tuyau de trop-plein.

Ajuster et nettoyer une valve de renvoi

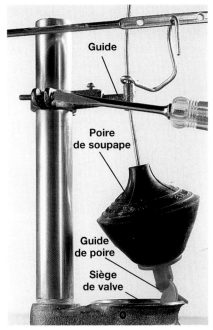

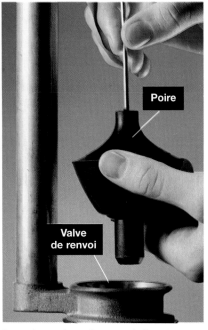

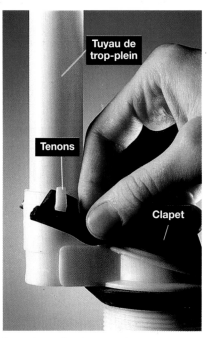

Ajustez la poire de soupape, ou le clapet, directement au-dessus du siège de valve. La poire est munie d'un guide qui peut être desserré afin de la replacer. (Certaines poires sont pourvues d'un guide qui la replace automatiquement au bon endroit).

Remplacez la poire quand elle est fendue ou trop usée. Les poires ont un raccord fileté pour fixer la tige de levée. Nettoyez le siège de valve avec un papier d'émeri ou un tampon à récurer.

Remplacez le clapet usé, retenu par des tenons sur les côtés du tuyau de trop-plein.

Installer une nouvelle valve de renvoi

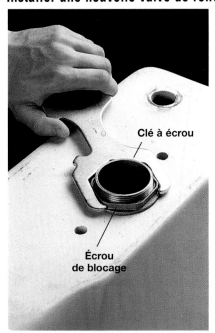

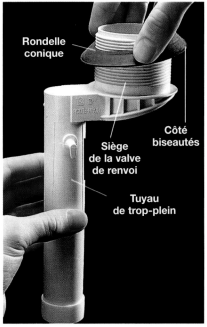

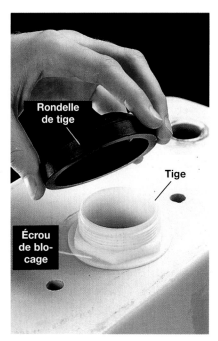

1 Coupez l'eau, débranchez la soupape d'entrée et enlevez le réservoir. Retirez la vieille valve de renvoi en desserrant l'écrou de blocage avec une clé à écrou.

2 Glissez la rondelle conique sur la tige de la valve, en tournant les côtés biseautés de la rondelle vers l'extrémité de la tige. Insérez la valve de renvoi dans le réservoir, le tuyau de trop-plein face à la soupape d'entrée.

3 Serrez l'écrou de blocage sur la tige. Glissez la rondelle souple sur la tige et replacez le réservoir.

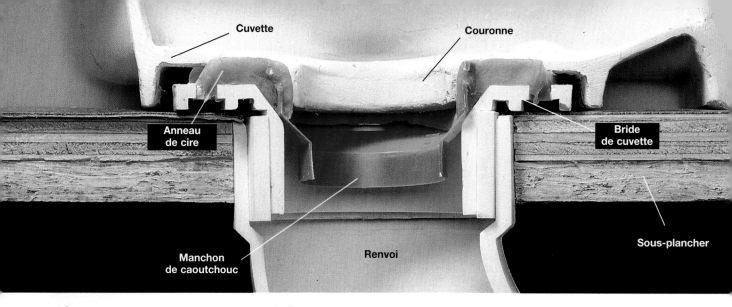

Cuvette

Couronne

Anneau
de cire

Bride
de cuvette

Sous-plancher

Manchon
de caoutchouc

Renvoi

Réparer une cuvette qui fuit

L'eau qui coule sur le plancher autour de la cuvette peut provenir de plusieurs sources. Les fuites doivent être réparées au plus tôt pour éviter que la moisissure ne s'installe dans le sous-plancher.

D'abord, assurez-vous que tous les joints sont bien serrés. Si le réservoir suinte par temps humide, vous pouvez régler ce problème de condensation en isolant l'intérieur du réservoir avec des panneaux de mousse. Un réservoir fendu peut également causer des fuites, il faudra alors le remplacer.

L'accumulation d'eau au pied de la cuvette peut être causée par un vieil anneau de cire qui n'est plus étanche, ou par une cuvette fendue. Si la fuite survient pendant ou immédiatement après avoir actionné la chasse, remplacez l'anneau de cire. Si la fuite persiste, la cuvette est sans doute fendue et elle doit être remplacée.

Généralement, les nouveaux cabinets incluent les soupapes d'entrée et des valves de renvoi. Sinon, vous devrez les acheter. Si vous devez remplacer votre cabinet, tenez compte des appareils économiseurs d'eau; ils réduisent de moitié la consommation d'eau.

CE DONT VOUS AVEZ BESOIN :

Outils : éponge, clé à molette, couteau à mastic, clé à cliquet, tournevis.
Matériaux : ensemble d'isolation de réservoir, nettoyeur abrasif, chiffon, anneau de cire, mastic de plomberie. Pour une nouvelle installation : nouveau cabinet, poignée, soupape d'entrée, valve de renvoi, boulons de réservoir, siège de cabinet.

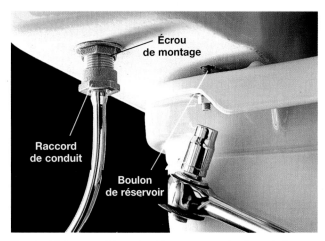

Écrou
de montage

Raccord
de conduit

Boulon
de réservoir

Serrez légèrement tous les écrous : ceux du réservoir, à l'aide d'une clé à cliquet, et ceux de la soupape d'entrée et du conduit d'eau, avec une clé à molette. Attention : un serrage excessif peut fendre le réservoir.

Isolez le réservoir avec un ensemble vendu à cet effet, afin d'empêcher le suitement. coupez l'eau, drainez le réservoir et nettoyez-en l'intérieur avec un nettoyeur abrasif. Coupez les panneaux d'isolant pour qu'ils s'ajustent au fond et aux parois du réservoir. Fixez-les avec l'adhésif recommandé par le fabricant et laissez-le sécher selon le mode d'emploi.

Enlever et remplacer un anneau de cire et un cabinet

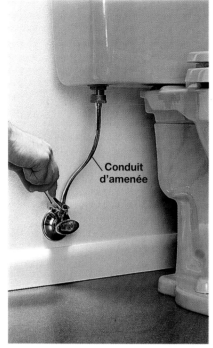

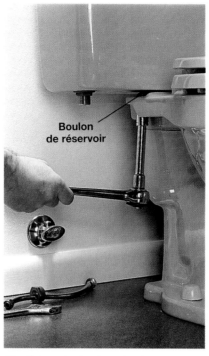

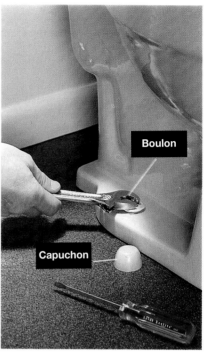

1 Coupez l'eau et actionnez la chasse pour vider le réservoir. Épongez l'intérieur du réservoir et de la cuvette. Débranchez le conduit d'amenée avec une clé à molette.

2 Enlevez les boulons du réservoir avec une clé à cliquet. Retirez-le délicatement et mettez-le de côté.

3 Enlevez les capuchons sur la base de la cuvette. Retirez les boulons avec une clé à molette.

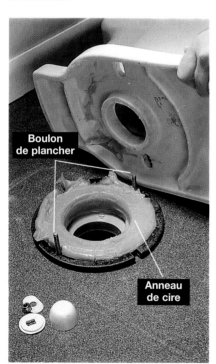

4 Enfourchez la cuvette et faites-la osciller jusqu'à ce que la garniture cède. Soulevez délicatement la cuvette pour la dégager et mettez-la de côté. Il se peut qu'un peu d'eau surgisse du siphon.

5 Sur le plancher, enlevez la vieille cire de la bride de cuvette. Bouchez le renvoi avec un chiffon humide pour empêcher les gaz de se disperser dans la maison.

6 Si la cuvette est réutilisable, enlevez la cire et le mastic sur la base et la couronne.

Enlever et remplacer un anneau de cire et un cabinet (suite)

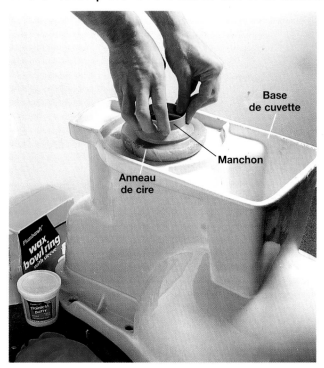

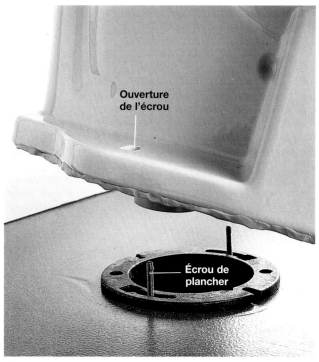

7 Déposez la cuvette à l'envers. Placez l'anneau de cire sur la couronne. Si l'anneau comporte un manchon, il doit pointer vers l'extérieur. Appliquez un bourrelet de mastic de plomberie sur les rebords inférieurs de la cuvette.

8 Placez la cuvette au-dessus du renvoi, les boulons vis-à-vis des ouvertures. Posez les rondelles et les écrous et serrez-les solidement.

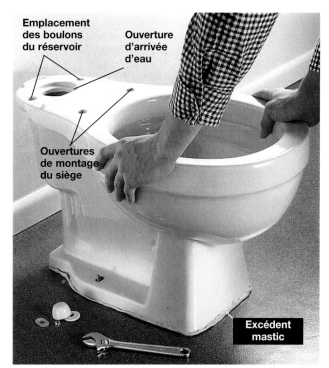

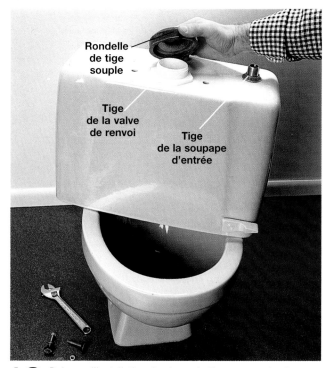

9 Pressez la cuvette vers le bas pour compresser la cire et le mastic. Resserrez les boulons. **Attention : un serrage excessif peut fendre la cuvette.** Nettoyez l'excédent de mastic. couvrez les écrous de leurs capuchons.

10 Préparez l'installation du réservoir. Posez une poignée, une soupape d'entrée et une valve de renvoi, s'il y a lieu. Retournez délicatement le réservoir et placez la rondelle souple sur la tige de la valve de renvoi.

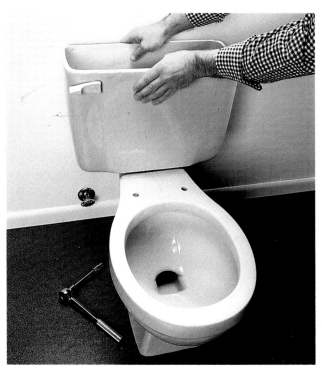

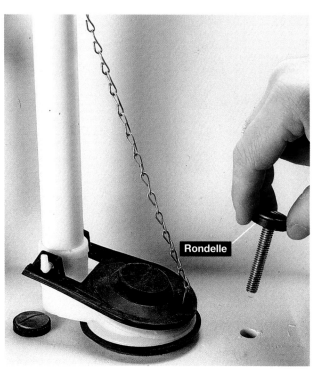

11 Placez le réservoir sur la cuvette en centrant la rondelle sur l'ouverture d'entrée.

12 Alignez les ouvertures des boulons du réservoir vis-à-vis de la base Glissez les rondelles de caoutchouc sur les boulons. Installez les rondelles et les écrous en dessous du réservoir.

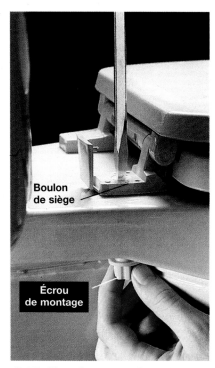

13 À l'aide d'une clé, resserrez les écrous jusqu'à ce que le reservoir soit bien en place. Faites-le délicatement, car les réservoirs reposent habituellement sur la rondelle souple et non sur la base de la cuvette.

14 Branchez le conduit d'eau à la tige de la soupape d'arrivée à l'aide d'une clé à molette. Ouvrez l'eau et vérifiez le fonctionnement de l'installation. Resserrez les boulons au besoin .

15 Placez le nouveau siège en insérant les boulons dans les ouvertures. Vissez les écrous et resserez-les.

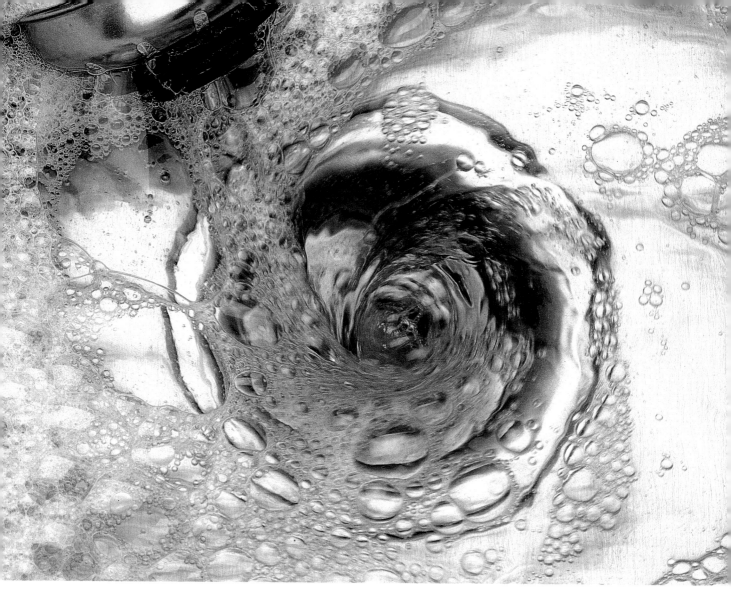

Deboucher et réparer les drains

Réglez les problèmes d'obstructions des renvois à l'aide d'un débouchoir, d'un dégorgeoir ou d'un gicleur à expansion. Le débouchoir de caoutchouc pousse les obstacles en exerçant une pression d'air. Cet appareil simple et efficace devrait être utilisé en premier lieu.

Le débouchoir manuel, ou dégorgeoir, comporte un serpentin métallique que l'on glisse dans le drain pour briser ou enlever l'obstacle. Bien que d'utilisation facile, l'utilisateur obtiendra davantage de résultats s'il «sent» l'action du serpentin dans les tuyaux. Un peu d'expérience suffit pour différencier un morceau de savon d'une courbe dans le drain.

Le gicleur à expansion s'attache à un boyau d'arrosage et repousse les débris au moyen de puissants jets d'eau. Il est surtout utile pour les renvois de plancher.

L'acide caustique ne devrait être utilisée qu'en dernier recours. Ces nettoyeurs de renvois, vendus en quincaillerie et dans certains magasins, dissolvent les débris, mais ils endommagent parfois la tuyauterie. Ces substances doivent être manipulées avec précaution et le mode d'emploi doit être suivi scrupuleusement. L'entretien régulier des renvois leur permet d'être efficaces en tout temps. Chaque semaine, faites couler l'eau chaude dans le système pour déloger le savon, la graisse et les débris. Vous pouvez également faire un traitement semestriel, en utilisant un nettoyeur non caustique à base de sulfite de cuivre ou d'hydroxyde de sodium. Ces produits n'endommagent pas les tuyaux.

Occasionnellement, des fuites surviennent dans les tuyaux de renvoi et près des ouvertures. La plupart d'entre elles peuvent être colmatées en resserrant légèrement les raccords. Si la fuite survient près du renvoi de l'évier, réparez ou remplacez l'assemblage de renvoi.

Déboucher un lavabo

Tous les lavabos ont un siphon et un tuyau de renvoi. L'accumulation de savon et de cheveux est généralement responsable de l'obstruction du renvoi. Repoussez les débris avec un débouchoir de caoutchouc ou nettoyez le siphon ou utilisez un dégorgeoir manuel.

Plusieurs lavabos sont munis d'un bouchon mécanique. Si le dispositif ne retient pas l'eau ou si l'eau s'écoule trop lentement, le bouchon doit être nettoyé et ajusté.

CE DONT VOUS AVEZ BESOIN :

Outils : débouchoir, pince multiprise, brosse métallique, tournevis.
Matériaux : chiffon, seau, garnitures de remplacement.

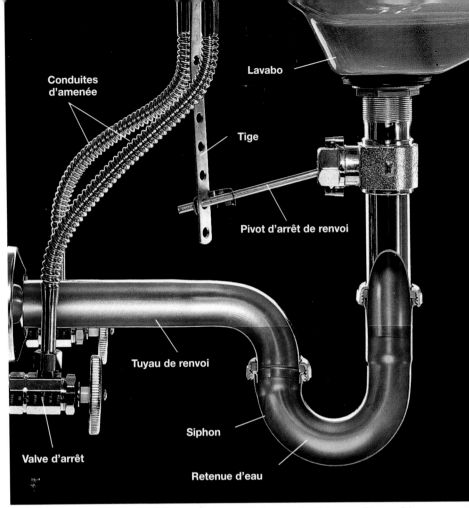

Conduites d'amenée

Lavabo

Tige

Pivot d'arrêt de renvoi

Tuyau de renvoi

Siphon

Retenue d'eau

Valve d'arrêt

Le siphon retient une quantité d'eau qui empêche les gaz de s'échapper. Chaque fois que le renvoi est utilisé, l'eau de retenue est chassée et remplacée par de l'eau fraîche.

Déboucher un renvoi avec un débouchoir à ventouse

1 Enlevez le bouchon de renvoi. Certains s'enlèvent en les soulevant et d'autres, en les tournant dans le sens contraire des aiguilles d'une montre. Sur certains modèles, le pivot doit être d'abord retiré.

2 Enfoncez un chiffon dans le déversoir : vous augmenterez la pression du débouchoir et empêcherez le retour (jaillissement de saletés) par le déversoir. Placez la ventouse du débouchoir au-dessus du renvoi et faites couler suffisamment d'eau pour la recouvrir. Actionnez le débouchoir rapidement, de bas en haut, pour déloger l'obstruction.

Nettoyer et ajuster un bouchon mécanique

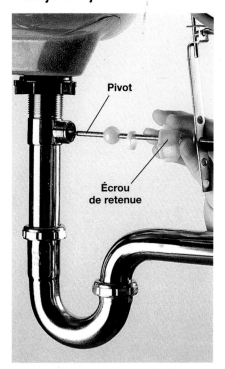
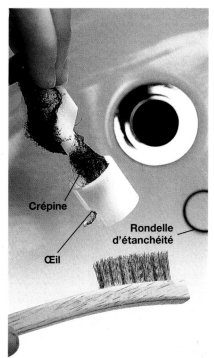
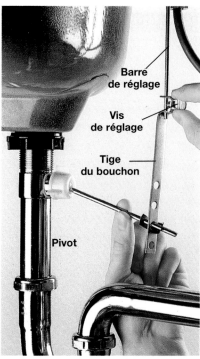

1 Soulevez le levier en position fermée. Dévissez l'écrou de retenue du pivot et retirez-le du renvoi pour libérer le bouchon d'arrêt.

2 Enlevez le bouchon et nettoyez-le avec une petite brosse métallique. Vérifiez l'usure de la rondelle et remplacez-la au besoin. Remettez l'ensemble en place.

3 Si l'écoulement ne se fait pas normalement, relâchez la vis de réglage et glissez la barre le long de la tige pour ajuster le bouchon. Resserrez la vis. Enlever et nettoyer un siphon.

Dégagez les saletés et nettoyez le siphon

1 Placez un seau sous le siphon pour recueillir l'eau et les saletés. Avec une pince multiprise, desserrez les bagues qui retiennent le siphon. Glissez-les pour le dégager et enlevez-le.

2 Dégagez les saletés et nettoyer le siphon avec une brosse métallique. Vérifiez l'état des rondelles et remplacez-les au besoin. Réinstallez l'ensemble.

Réparer
le renvoi d'un évier

Une fuite sous l'évier peut provenir de l'ouverture de renvoi mal scellée. Pour vérifier les fuites, fermez le bouchon, remplissez l'évier d'eau et inspectez le dessous. Démontez l'assemblage de renvoi, nettoyez-le et remplacez les rondelles et le mastic de plomberie. Vous pouvez également vous procurer un nouvel ensemble à la quincaillerie.

CE DONT VOUS AVEZ BESOIN :

Outils : pince multiprise, clé à écrou, marteau, couteau à mastic.
Matériaux : mastic de plomberie, pièces de remplacement (au besoin).

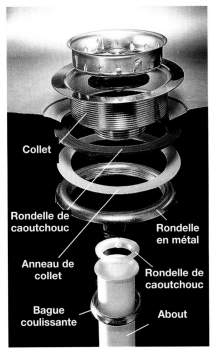

Collet

Rondelle de caoutchouc

Rondelle en métal

Anneau de collet

Rondelle de caoutchouc

Bague coulissante

About

L'assemblage de renvoi relie l'évier aux conduits de renvoi. Les fuites peuvent provenir de la jonction du collet et des lèvres de l'ouverture.

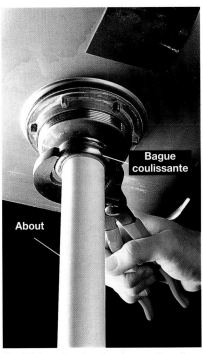

Bague coulissante

About

1 Dévissez les deux bagues coulissantes sur l'about à l'aide d'une pince multiprise. Dégagez le tuyau de renvoi de l'évier et du siphon.

Rondelle en métal

Tenons

2 Enlevez l'écrou de collet avec une clé à écrou. Un écrou récalcitrant peut être dégagé en frappant légèrement sur les tenons avec un marteau. Démontez l'assemblage de renvoi.

Bride de collet

3 Enlevez le vieux mastic autour de l'ouverture avec un couteau à mastic. Faites-le aussi sur l'ancien collet, s'il doit être réutilisé. Les garnitures et les rondelles doivent être remplacées.

4 Appliquez un bourrelet de mastic de plomberie sur les lèvres de l'ouverture. Déposez et pressez le collet en place. Installez les rondelles de caoutchouc, de métal ou de fibre, sous l'évier. Remontez l'assemblage.

Dégager un tuyau de renvoi avec un dégorgeoir

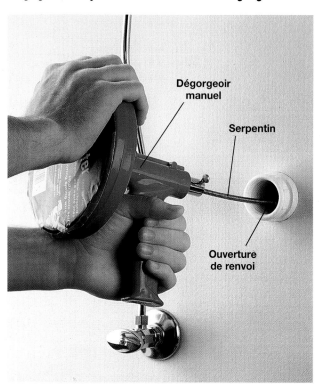

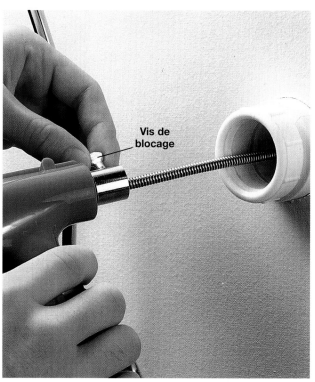

1 Enlever les bouchons d'accès au coude de renvoi. Faites pénétrer le bout du serpentin dans le tuyau de renvoi, jusqu'au point de résistance. Celui-ci indique généralement que le câble est arrivé à un coude du tuyau de renvoi.

2 Ajustez le serpentin pour qu'il dépasse d'environ 6" à l'extérieur et verrouillez-le à l'aide de la vis de blocage. Actionnez la manivelle dans le sens horaire afin que le serpentin dépasse le coude.

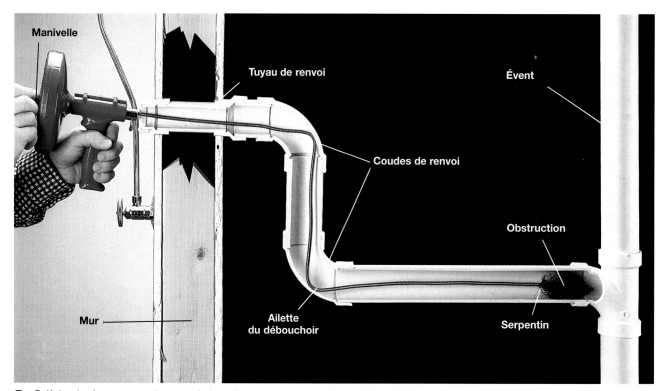

3 Relâchez la vis et poussez le serpentin jusqu'à ce que vous ressentiez une forte résistance. Resserrez la vis et continuez d'actionner le serpentin dans le sens horaire. Une forte résistance signifie une obstruction. Certaines d'entre elles, comme les éponges ou les cheveux, peuvent être retirées en les accrochant au serpentin. Une résistance tenace est souvent causée par un morceau de savon.

Poignée

4 Retirez l'obstacle en permettant au serpentin de s'y accrocher, en le tournant dans le sens horaire. Si l'objet ne peut être retiré, remettez le siphon en place et utilisez le dégorgeoir à partir des renvois secondaires ou du renvoi principal ou de l'évent.

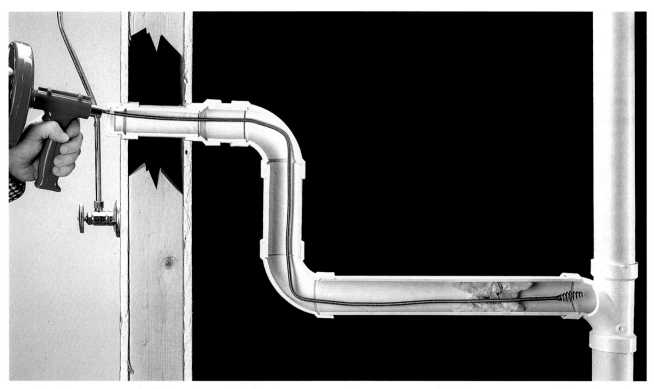

5 Une résistance tenace signifie la présence d'un obstacle, un morceau de savon par exemple. Creusez-y un trou en actionnant la manivelle dans le sens horaire et en exerçant une pression constante sur la poignée du dégorgeoir. Répétez l'opération deux ou trois fois et retirez le serpentin. Rebranchez le siphon et drainez le système avec de l'eau chaude pour déloger les débris.

Deboucher un cabinet

Le système de drainage du cabinet comporte une ouverture de renvoi et un siphon. Cette installation est branchée à une colonne d'égout et évent.

(Étiquettes de l'illustration :) Renvoi de cuvette, Siphon, Tuyau de renvoi, Plancher, Colonne d'égout et évent

Dans les cabinets, la plupart des obstructions sont causées par des objets coincés dans le siphon. Utilisez un débouchoir de caoutchouc ou un débouchoir de cuvette pour déboucher le renvoi.

Une cuvette dont l'eau s'écoule lentement, peut être partiellement bouchée. Débouchez-la à l'aide d'un débouchoir de caoutchouc ou un dégorgeoir à cuvette. Il se peut que cette obstruction soit située dans le renvoi principal et l'évent. Nettoyez alors l'évent à partir de la toiture

CE DONT VOUS AVEZ BESOIN :

Outils : débouchoir de caoutchouc, dégorgeoir.
Matériaux : seau.

Déboucher une cuvette avec un débouchoir

Placez la bride du débouchoir sur l'ouverture de renvoi. Actionnez le débouchoir rapidement. Ensuite, déversez lentement un seau d'eau pour déloger les débris. Si cela ne suffit pas, répétez l'opération ou utilisez un dégorgeoir.

Déboucher une cuvette avec un dégorgeoir

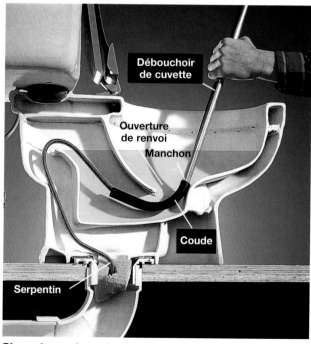

(Étiquettes de l'illustration :) Débouchoir de cuvette, Ouverture de renvoi, Manchon, Coude, Serpentin

Placez le coude au fond de l'ouverture et poussez le câble du dégorgeoir dans le siphon. Actionnez la manivelle dans le sens horaire pour saisir l'obstacle. Poursuivez le mouvement de rotation en tirant l'objet hors du siphon.

Déboucher les renvois de douches

Une cause fréquente d'obstruction des renvois de douches est l'accumulation de cheveux. Enlevez le bouchon et vérifiez s'il y a un blocage. Souvent, ces renvois peuvent être dégagés avec un bout de broche, un cintre par exemple.

Si l'obstacle résiste, il sera délogé à l'aide d'un débouchoir de caoutchouc ou d'un dégorgeoir manuel.

CE DONT VOUS AVEZ BESOIN :

Outils : tournevis, lampe de poche, débouchoir, dégorgeoir manuel.
Matériaux : broche rigide.

(image en haut à droite avec légendes :)
Plancher incliné
Ouverture de renvoi
Plancher
Tuyau de renvoi
Siphon
Collecteur d'évacuation

La douche possède un plancher incliné, une ouverture de renvoi, un siphon et un conduit de renvoi branché directement sur le renvoi principal.

Déboucher un renvoi de douche

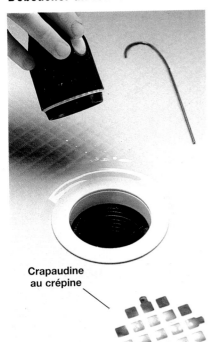

Crapaudine au crépine

Vérifiez s'il y a obstruction. Retirez la crapaudine à l'aide d'un tournevis. Utilisez une lampe de poche pour vous aider à découvrir les obstacles dans le renvoi. Glissez-y une broche rigide pour enlever l'accumulation de cheveux.

Utilisez un débouchoir de caoutchouc pour dégager la plupart des saletés. Placez la ventouse au-dessus du renvoi et faites couler assez d'eau pour en couvrir les lèvres. Actionnez le débouchoir de bas en haut rapidement.

Dégagez les obstacles tenaces à l'aide d'un dégorgeoir manuel en utilisant la même méthode décrite précédemment.

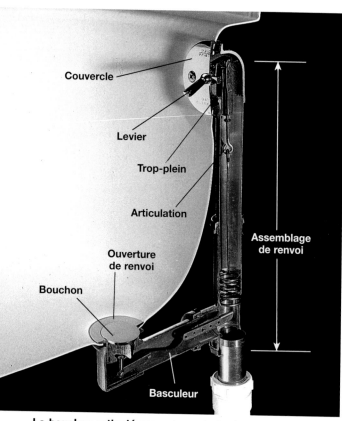

Plusieurs baignoires sont pourvues d'un bouchon-plongeur. Ce piston de cuivre creux, coulissant de bas en haut, contrôle le débit d'eau. Le bouchon est actionné par un levier et des tiges situés dans le tuyau de trop-plein.

Couvercle
Levier
Trop-plein
Articulation
Assemblage de renvoi
Plongeur
Ouverture de renvoi

Couvercle
Levier
Trop-plein
Articulation
Ouverture de renvoi
Assemblage de renvoi
Bouchon
Basculeur

Le bouchon articulé comporte un pivot qui ouvre ou ferme le bouchon. Il est actionné par un levier et des tiges situés dans le tuyau de trop plein.

Réparer les renvois de baignoires

Quand l'eau du bain s'écoule trop lentement ou pas du tout, enlevez et vérifiez l'état de l'assemblage de renvoi. Les bouchons mécaniques ont tendance à retenir les cheveux, qui bloqueront le renvoi.

Si le nettoyage de l'assemblage de renvoi ne règle pas le problème, le renvoi de la baignoire est probablement bouché. Libérez le conduit avec un débouchoir de caoutchouc ou un dégorgeoir manuel. Bouchez le déversoir de trop-plein avec un chiffon humide afin d'augmenter la pression d'air du débouchoir. Lorsque vous utilisez un serpentin, insérez-le dans le déversoir.

Si le bain ne retient pas l'eau lorsque le bouchon est fermé, ou si l'eau s'écoule trop lentement après avoir assemblé et nettoyé l'ensemble de renvoi, un ajustement est nécessaire. Démontez l'assemblage et procédez selon les étapes décrites aux pages suivantes.

CE DONT VOUS AVEZ BESOIN :

Outils : débouchoir, tournevis, brosse métallique, pince à long bec, dégorgeoir manuel.
Matériaux : vinaigre, graisse de plomberie, chiffon.

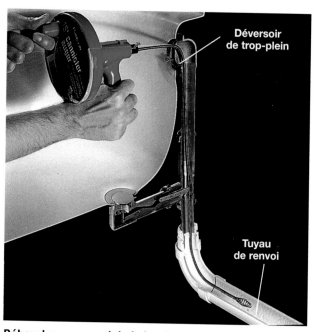

Déversoir de trop-plein
Tuyau de renvoi

Débouchez un renvoi de baignoire avec un dégorgeoir manuel enfoncé dans le déversoir. D'abord, retirez le couvercle et soulevez le mécanisme. Ensuite, faites entrer le serpentin jusqu'à ce qu'il rencontre une résistance. Puis, remplacez les tiges et faites couler l'eau chaude pour évacuer les débris.

Nettoyer un bouchon-plongeur

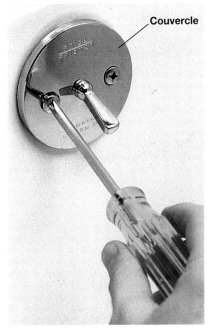

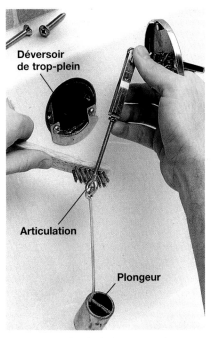

1 Enlevez les vis du couvercle. Retirez délicatement le couvercle, les tiges et le plongeur du déversoir de trop-plein.

2 Nettoyez la tringlerie avec une brosse trempée dans le vinaigre. Lubrifiez l'ensemble avec de la graisse de plomberie.

3 Réglez le débit et empêchez les fuites en ajustant la tringlerie. Dévissez l'écrou sur la tige filetée avec une pince à long bec. Baissez la tige d'environ 1/8". Resserrez l'écrou et remettez l'assemblage en place.

Ajuster et nettoyer un bouchon articulé

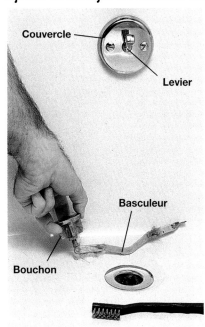

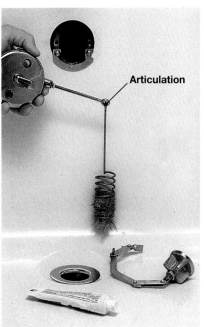

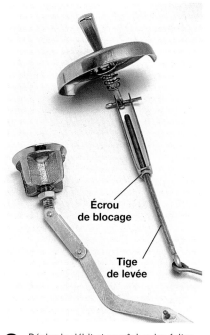

1 Soulevez le levier en position ouverte. Retirez délicatement le bouchon et le basculeur. Nettoyez-les soigneusement en enlevant les cheveux et les débris avec une brosse métallique.

2 Enlevez les vis du couvercle, retirez-le ainsi que le levier et les tiges de déversoir de trop-plein. Enlevez les cheveux et les débris. Éliminez la rouille à l'aide d'une brosse trempée dans le vinaigre. Lubrifiez l'articulation avec de la graisse de plomberie.

3 Réglez le débit et empêchez les fuites en ajustant l'articulation. Desserrez l'écrou et remontez la tige d'environ 1/8". Serrez l'écrou et remettez le tout en place.

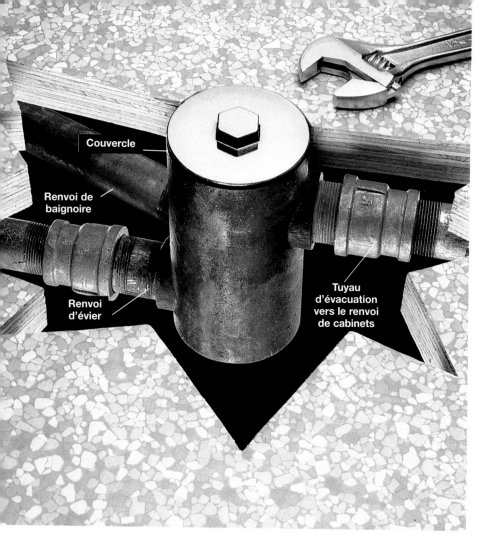

Couvercle

Renvoi de
baignoire

Renvoi
d'évier

Tuyau
d'évacuation
vers le renvoi
de cabinets

Nettoyer un siphon collecteur

Dans les maisons anciennes, les obstructions de renvois peuvent être causées par un blocage dans le siphon collecteur. Dans ce cas enlevez le couvercle et utilisez un dégorgeoir manuel dans chaque renvoi.

Le siphon collecteur se trouve généralement près de la baignoire. Il se reconnaît à son couvercle au ras du plancher. Il arrive parfois que ce dispositif se trouve sous le plancher. Dans ce cas, le siphon est placé à l'envers et son couvercle est en-dessous.

Le siphon collecteur est un récipient de plomb ou de fonte. Habituellement, plus d'un tuyau de drainage y est connecté. Les siphons collecteurs n'ont pas de prise d'air et ne sont plus tolérés dans les nouvelles constructions.

CE DONT VOUS AVEZ BESOIN :

Outils : clé à molette, dégorgeoir manuel.
Matériaux : chiffons, huile pénétrante, ruban de Teflon™.

Déboucher un siphon collecteur

1 Placez des chiffons autour de l'ouverture du siphon pour absorber l'eau qui pourrait en jaillir.

2 Retirez le couvercle à l'aide d'une clé à molette. Travaillez délicatement, car les anciens siphons sont souvent faits de plomb et l'usure les rend friables. Facilitez la pose du couvercle en enduisant d'huile le filet du capuchon.

3 Utilisez un dégorgeoir manuel pour déboucher chaque renvoi. Ensuite, enrobez les filets du couvercle avec du ruban de Teflon™ et remetter-le en place. Drainez chaque renvoi en faisant couler l'eau chaude pendant cinq minutes.

Déboucher les renvois de plancher

Quand l'eau refoule sur le plancher du sous-sol, le conduit de renvoi du plancher, ou le système d'égout principal, est obstrué. Les drains secondaires et les siphons peuvent être débouchés à l'aide d'un dégorgeoir manuel ou d'un gicleur à expansion.

Les gicleurs à expansion sont particulièrement utiles pour les renvois de plancher. Ils se fixent à un boyau d'arrosage et ils s'insèrent dans le renvoi. Le sac gonflé d'eau libère un jet d'eau puissant, qui déloge les obstacles.

CE DONT VOUS AVEZ BESOIN :

Outils : clé à molette, tournevis, dégorgeoir manuel, gicleur à expansion.
Matériaux : boyau d'arrosage.

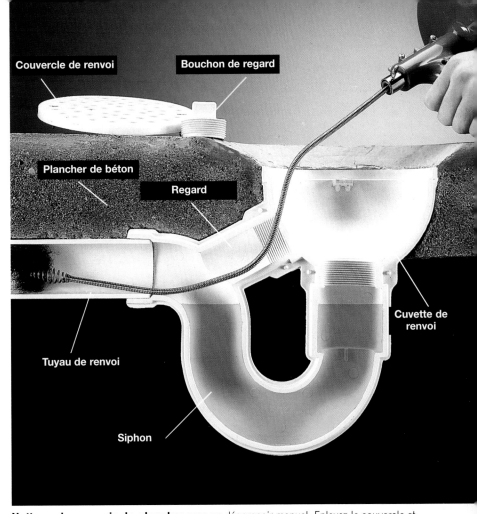

Couvercle de renvoi

Bouchon de regard

Plancher de béton

Regard

Cuvette de renvoi

Tuyau de renvoi

Siphon

Nettoyez les renvois de plancher avec un dégorgeoir manuel. Enlevez le couvercle et dévissez le bouchon de regard. Faites entrer le serpentin dans le tuyau de renvoi.

Utiliser un gicleur à expansion

Gicleur à expansion

1 Attachez le gicleur au boyau d'arrosage et branchez-le à un robinet.

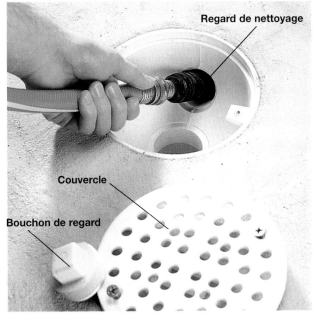

Regard de nettoyage

Couvercle

Bouchon de regard

2 Retirez le couvercle et le bouchon de regard. Insérez le gicleur à expansion dans le regard et faites couler l'eau quelques minutes.

Déboucher les collecteurs

Si l utilisation d'un débouchoir ou d'un dégorgeoir manuel ne vous a pas permis de résoudre le problème d'obstruction, le blocage se trouve probablement dans un renvoi secondaire ou dans le collecteur principal ou dans la colonne de ventilation et d'évacuation.

Commencez par utiliser un dégorgeoir dans les renvois secondaires situés à proximité de l'appareil concerné. Généralement, ces renvois peuvent être nettoyés à partir du regard situé à leur extrémité. Il peut y avoir de l'eau dans le drain, munissez-vous d'un seau et de chiffons avant d'ouvrir le regard et éloignez-vous du bouchon lorsque vous le dévisser.

Si le dégorgeoir ne règle pas le problème dans le renvoi secondaire, il se peut que l'obstruction soit dans la colonne de ventilation et d'évacuation. Pour dégager la colonne, introduisez le dégorgeoir par l'évent du toit. Le serpentin doit parcourir toute la longueur de celle-ci. Si ce n'est pas le cas, louez-en un long dans les centres de location d'outils. Soyez prudent lorsque vous travaillez sur la toiture.

S'il n'y a pas d'obstruction dans la colonne de ventilation et d'évacuation, le blocage se trouve probablement localisé à l'égout principal. Localisez le regard de l'égout. Habituellement, un raccord «Y» est situé à la base de la colonne d'évacuation. Retirez le bouchon du regard et introduisez le dégorgeoir.

Plusieurs installations anciennes possèdent un siphon en U à la sortie extérieure du collecteur. Le corps du raccord se trouve probablement sous le plancher, mais il est possible de le repérer grâce à ses deux ouvertures. Utilisez un dégorgeoir manuel pour nettoyer le siphon.

Si l'outil rencontre un obstacle, retirez l'outil et examinez-en la pointe. Si vous y découvrez des radicelles, il est possible que des racines aient causé l'obstruction. Une pointe sale indiquera un affaissement du collecteur.

Pour dégager les racines dans le collecteur principal, il faut utiliser un dégorgeoir électrique. Cet outil de location est lourd et exige une certaine adresse. Par conséquent, évaluez les coûts de location et votre savoir-faire, puis comparez-les à ceux des spécialistes. Si vous décidez d'opter pour la location d'un dégorgeoir, demandez au préposé de vous remettre un mode d'emploi complet.

Si le collecteur est affaissé, ayez recours à des spécialistes.

CE DONT VOUS AVEZ BESOIN :

Outils : clé à molette ou à tuyau, dégorgeoir manuel, ciseau à froid, marteau à panne ronde.
Matériaux : seau, chiffons, huile pénétrante, bouchon de regard (au besoin), enduit pour tuyau.

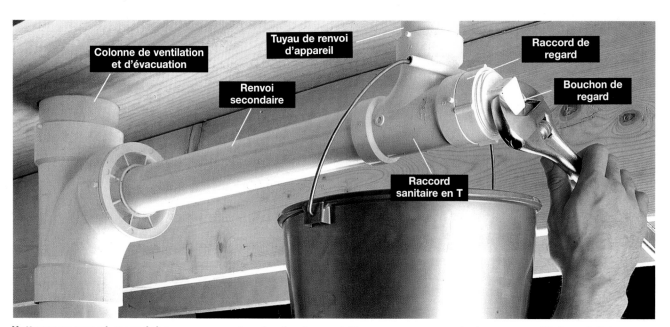

Nettoyez un renvoi secondaire en commençant par localiser le regard. Placez un seau sous ce dernier pour recueillir l'eau et dévissez lentement le bouchon de regard avec une clé à molette. Passez le dégorgeoir dans le renvoi.

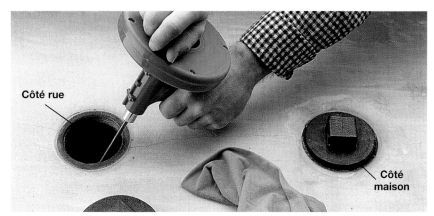

Nettoyez la colonne de ventilation et d'évacuation (air-égout) en plongeant le serpentin du dégorgeoir dans l'évent situé sur le toit.

Nettoyez le siphon du collecteur principal avec un dégorgeoir manuel. Dévissez lentement le bouchon situé du côté de la rue. Si l'eau monte, l'obstruction se trouve plus loin dans le collecteur. Si elle ne monte pas, passez le dégorgeoir dans le siphon. S'il n'y a pas d'obstruction, replacez le bouchon et retirez celui situé du côté de la maison. Dégagez le siphon entre les deux ouvertures avec un dégorgeoir manuel.

Enlever et remplacer un bouchon de regard

1 Retirez le bouchon à l'aide d'une clé à tuyau. S'il résiste, versez un peu d'huile et attendez une dizaine de minutes qu'elle pénètre avant d'essayer de nouveau. Prévoir un seau et des chiffons sous l'ouverture, en cas d'éventuels débordements.

2 Enlevez les bouchons tenaces en vous servant d'un ciseau à froid placé sur le rebord. Frappez le ciseau avec un marteau pour faire bouger le bouchon. S'il résiste, brisez-le avec ces outils et enlevez tous les morceaux.

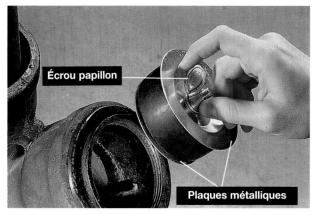

3 Remplacez l'ancien bouchon par un nouveau en plastique. D'abord, enduisez le rebord de mastic à joints pour tuyaux. Puis, vissez le bouchon en place.

Variante : remplacez le vieux bouchon par un bouchon de caoutchouc expansible. Un écrou papillon resserre l'anneau de caoutchouc entre les plaques métalliques. Le caoutchouc se gonfle sur les côtés et forme ainsi un joint étanche.

La plomberie du bain et de la douche

Les robinets de bains et de douches ont sensiblement la même forme que ceux des éviers. Les techniques de réparation sont donc les mêmes. Avant tout, il s'agit de déterminer quel type de robinet vous possédez ; il suffit simplement d'enlever les poignées.

Lorsque le bain et la douche sont combinés, ils partagent la même robinetterie pour l'arrivée d'eau chaude et celle d'eau froide.

Robinets pour les baignoires et les douches

Douche

Valve de dérivation

Arrivée d'eau chaude

Arrivée d'eau froide

Bec

Les robinets à trois poignées sont à compression ou à cartouche.

Il est possible de se procurer une robinetterie à plusieurs poignées (une à trois). Habituellement, leur nombre indique le type de robinetterie et quelles sont les réparations qui peuvent être nécessaires.

Les robinets combinés comportent une valve de dérivation, ou clapet, qui amène l'eau à la douche ou au bain. La poignée centrale, d'une robinetterie à trois poignées, sert de dérivation. Si l'eau passe difficilement du bain à la douche ou si elle continue de s'écouler par le bec, il serait temps de nettoyer et de réparer la valve de dérivation.

Les robinets à deux poignées, ou à une seule, proposent un clapet de dérivaiton actionné par le bouton du bec. Le clapet a rarement besoin de réparation.

Cependant, le levier peut se briser ou se relâcher. Dans ce cas, il faut changer le bec au complet.

Souvent, les robinets de douches et de baignoires sont installés profondément dans le mur. Il faudra donc se sevir d'une clé à cliquet et de douilles longues.

Si le jet de la douche est irrégulier, procédez au nettoyage des trous de la pomme de douche et si elle ne tient pas en place, démontez-la et remplacez le joint torique.

Si vous désirez ajouter une douche à l'installation de la baignoire, il vous suffit d'acheter un ensemble de robinetterie se branchant sur l'installation existante. En général, cette opération prend moins d'une heure.

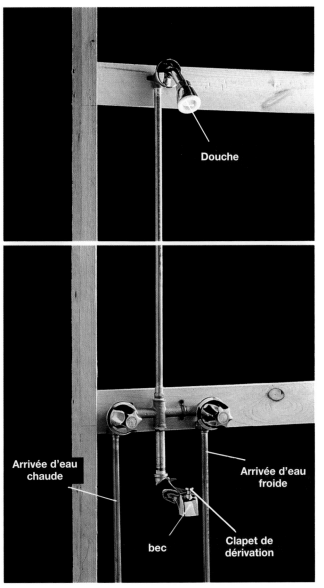

Les robinets à deux poignées sont à cartouche ou à compression.

Les robinets à poignée unique peuvent être à cartouche, à disque ou à bille.

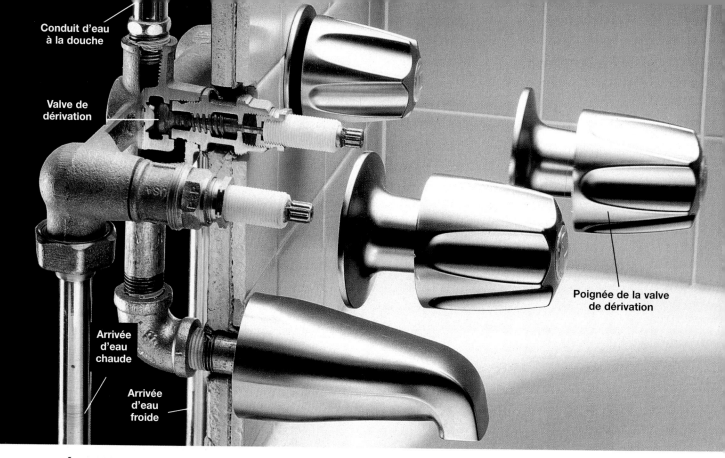

Conduit d'eau à la douche

Valve de dérivation

Arrivée d'eau chaude

Arrivée d'eau froide

Poignée de la valve de dérivation

Réparer un robinet à trois poignées

Les robinets à trois poignées contrôlent séparément l'eau chaude, l'eau froide et la distribution de l'eau vers la douche ou la baignoire au moyen d'une valve de dérivation. La présence de deux poignées indique qu'il s'agit d'un robinet à cartouche ou à compression.

Si la valve de dérivation a tendance à coller ou si le débit est trop lent ou si l'eau s'écoule du bec pendant que la douche fonctionne, la valve de dérivation doit être réparée ou remplacée. Le type de valve est identique à celui des robinets à cartouche ou à compression. Dans ce dernier cas, la cartouche peut être réparée. Toutefois, celle du robinet à cartouche doit être remplacée.

N'oubliez pas de couper l'eau avant d'entreprendre les travaux.

CE DONT VOUS AVEZ BESOIN :

Outils : tournevis, clé à molette ou pince multiprise, clé à rochet avec douille profonde, brosse métallique.
Matériaux : valve de dérivation de remplacement, cartouche ou ensemble de rondelles selon le cas, graisse de plomberie, vinaigre.

Réparer une valve de dérivation

Écusson

Poignée de valve de dérivation

1 Enlevez la poignée et l'écusson de la valve avec un tournevis.

Écrou de retenue

2 Enlevez l'écrou de retenue avec une clé à molette ou une pince multiprise.

3 Dévissez l'assemblage de tige avec une clé à cliquet munie d'une douille profonde. Enlevez le mortier entourant l'écrou de retenue au besoin.

Rondelle de tige

Vis de tige

4 Enlevez la vis de cuivre de la tige et remplacez la rondelle de caoutchouc. Si la vis est usée, remplacez-la également.

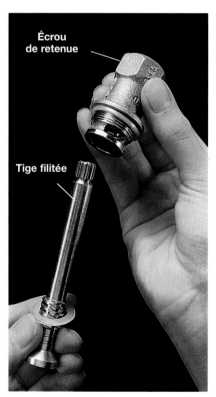

Écrou de retenue

Tige filetée

5 Séparez la tige filetée de l'écrou de retenue.

6 Enlevez les dépôts autour de l'écrou avec une petite brosse trempée dans le vinaigre. Enduisez toutes les pièces avec de la graisse de plomberie.

Conduit d'eau
à la douche

Écrou de
retenue

Valve d'arrêt

Arrivée d'eau
froide

Arrivée d'eau
chaude

Levier de clapet

Clapet
de dérivation

Réparer les robinets
à deux poignées

Les robinets à deux poignées des douches et des baignoi-res sont à compression ou à cartouche. Tous les robinets de ce type se réparent identiquement. Comme ils sont ins-tallés profondément dans le mur, vous devez vous munir d'une clé à cliquet et d'une douille profonde pour démonter l'assemblage de tige.

Les robinets à deux poignées sont pourvus d'un clapet de dérivation et d'un mécanisme simple se trouvant dans le bec. Le clapet de dérivation ferme l'arrivée d'eau de la bai-gnoire et dévie l'eau vers la douche. Ces clapets nécessi-tent rarement des réparations. Il peut arriver que le levier se brise ou se relâche ou ne se maintienne plus en posi-tion élevée. Il faudra alors remplacer le bec du robinet.

N'oubliez pas de fermer l'arrivée d'eau avant d'entreprendre les travaux.

CE DONT VOUS AVEZ BESOIN :

Outils : tournevis, clé hexagonale, clé à tuyau, pince multiprise, petit ciseau à froid, marteau à panne ronde clé à cliquet et douille profonde.
Matériaux : ruban-cache ou chiffon, mastic à joints pour tuyaux, pièces de remplacement nécessaires.

Truc pour le remplacement des becs

Raccord

Clé hexagonale

1 **Vérifiez s'il y a un trou sous le bec.** S'il y en a un, cela signifie qu'il est retenu par une vis hexagonale. Enlevez-la et tirez le bec.

2 **Dévissez le bec** avec une clé à tuyau ou en insérant un gros tournevis ou un manche de marteau dans l'ouverture du bec.

3 **Étalez du mastic à joints** pour tuyaux sur les filets du raccord avant de replacer le bec.

Enlever les robinets encastrés

Écusson

Ruban-cache

Tube d'arrêt

Écrou de retenue

1 Enlevez la poignée et dévissez l'écusson à l'aide d'une pince multiprise. Entourez les mâchoires de la pince avec du ruban-cache afin de ne pas égratigner les pièces.

2 Enlevez le mortier autour de l'écrou avec un petit ciseau à froid et un marteau.

3 Dévissez l'écrou de retenue avec une clé à cliquet munie d'une douille profonde. Enlevez l'écrou et l'assemblage de tige.

Conduit d'eau
à la douche

Valves d'ârrêt intégrées

Valves
de contrôle

Arrivée
d'eau chaude

Arrivée
d'eau froide

Écusson

Clapet de dérivation

Réparer la manette de commande
de la baignoire et de la douche à manette unique

Les robinets à manette unique sont pourvus d'une seule valve contrôlant à la fois le débit et la température de l'eau. Ces robinets peuvent être à bille, à cartouche, ou à disque.

Si la valve de contrôle fuit ou fonctionne anormalement, démontez le robinet, nettoyez la valve et remplacez toutes les pièces usées. Tous les robinets de ce type se réparent identiquement. A la page suivante, nous illustrons la technique de réparation des robinets à cartouche.

L'orientation du débit d'eau, vers la douche ou la baignoire, est contrôlée par un clapet de dérivation qui

nécessite rarement des réparations. Toutefois, il se peut que le levier se brise, se relâche ou ne se maintienne plus en position. S'il ne fonctionne pas convenablement, changez le bec.

CE DONT VOUS AVEZ BESOIN :

Outils : tournevis, clé à molette, pince multiprise.
Matériaux : pièces de remplacement nécessaires.

Réparer une manette de commande à cartouche

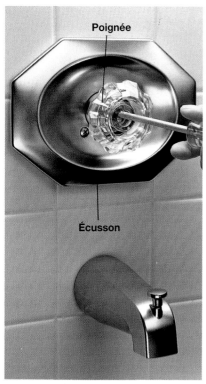

1 Utilisez un tournevis pour enlever la poignée et l'écusson.

2 Coupez l'alimentation d'eau par les valves d'arrêt intégrées ou par la valve principale.

3 Dévissez et enlevez l'écrou ou la bague de retenue avec une pince multiprise.

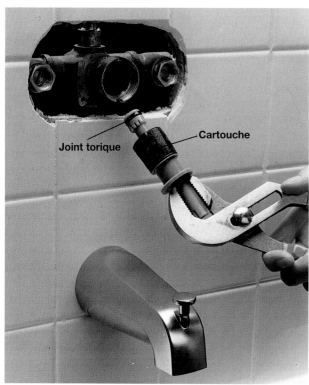

4 Tirez délicatement la cartouche avec des pinces.

5 Nettoyez le bâti du robinet avec de l'eau propre pour enlever les dépôts. Remplacez les joints toriques usés. Remettez la cartouche en place et faites un essai. Si le robinet ne fonctionne pas convenablement, remplacez-le.

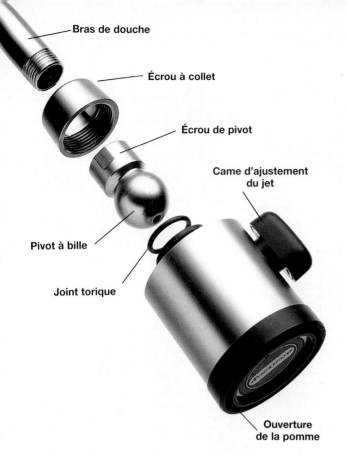

Bras de douche

Écrou à collet

Écrou de pivot

Came d'ajustement du jet

Pivot à bille

Joint torique

Ouverture de la pomme

Une pomme de douche typique se démonte facilement, ce qui permet de procéder à son nettoyage ou aux réparations sans difficulté. Certaines pommes sont munies d'une came d'ajustement qui modifie la force de leur jet.

Réparer et remplacer les pommes de douche

Si le jet de la douche est irrégulier, nettoyez les ouvertures de la pomme ; les trous d'entrée ou de sortie peuvent être obstrués par des dépôts minéraux.

La pomme de douche pivote dans toutes les directions. Si elle ne reste pas en position, remplacez le joint torique sur lequel s'appuie le pivot à bille.

Une baignoire peut être munie d'une douche ; il suffit d'installer un ensemble de douche à boyau flexible. Des ensembles complets sont vendus dans les quincailleries et les centres de rénovation.

CE DONT VOUS AVEZ BESOIN :

Outils : clé à molette ou pince multiprise, clé à tuyau, perceuse, mèche à céramique (au besoin), maillet, tournevis.
Matériaux : ruban-cache, broche mince (trombone), graisse de plomberie, chiffon, joints toriques, ancrages à maçonnerie, ensemble de douche à tuyau flexible.

Nettoyer et réparer une pomme de douche

Pivot à bille

Écrou à collet

1 Dévissez le pivot à bille avec une clé à molette ou une pince multiprise. Entourez les mâchoires de la pince de ruban-cache pour éviter les égratignures. Dévissez l'écrou à collet de la pomme de douche.

Trous d'entrée

2 Nettoyez les trous d'entrée de la pomme de douche avec une broche mince. Rincez la pomme à l'eau propre.

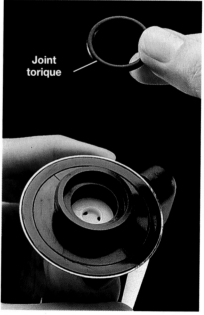

Joint torique

3 Remplacez le joint torique, au besoin. Lubrifiez-le avec de la graisse avant de le remettre en place.

Installer une douche à boyau flexible

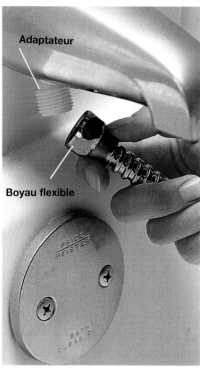

1 Enlevez l'ancien bec et installez le nouveau à l'aide d'une clé à tuyau. Les becs récents sont pourvus d'un adaptateur pour le boyau de douche. Enveloppez le bec dans un chiffon pour ne pas l'endommager.

2 Fixez le boyau à l'adaptateur. Resserrez-le avec une clé à molette ou une pince multiprise.

3 Déterminez l'emplacement souhaité pour la pomme de douche. Assurez-vous de laisser un jeu suffisant pour décrocher facilement la pomme de son crochet.

4 Marquez l'emplacement des vis du crochet. Utilisez une mèche à céramique pour percer les trous des ancrages à maçonnerie.

5 Enfoncez les ancrages dans les trous avec un maillet de bois.

6 Installez le crochet au mur et accrochez-y la pomme de douche.

Réparer un chauffe-eau

cord miseur

Dériveur de tirage

Arrivée d'eau flexible

(1) Tuyau de sortie d'eau chaude

Doublure de verre

(2) Tuyau d'arrivée d'eau froide

Soupape de sûreté

Barre anodisée

(5) Cheminée

Isolant

(3) Thermostat

Bouton de réenclenchement

(4) Brûleur

Valve de contrôle

Boîte de crontrôle

Thermocouple

Boyau du témoin

Boyau du brûleur

nement d'un chauffe-eau au gaz : l'eau chaude sort de l'appareil par le sortie (1), alors que l'eau froide entre dans le réservoir par le **tuyau d'arrivée** ue la température s'abaisse, le **thermostat (3)** ouvre la valve du gaz et la flamme me le **brûleur au gaz (4)**. Les gaz d'échappement sont évacués par la **chemi-** orsque la température atteint le degré préréglé, le thermostat ferme la valve de gaz r s'éteint. Le thermocouple protège contre les fuites en coupant l'arrivée de gaz, e témoin s'éteignait. La barre anodisée protège le réservoir contre la rouille en éléments corrosifs de l'eau. La soupape de sûreté protège contre la montée de ausée par l'accumulation de vapeur dans le réservoir.

Les chauffe-eau standards sont conçus pour être réparés facilement. Tous les réservoirs comportent un panneau d'accès aux pièces à remplacer. Lorsque vous achetez des pièces neuves, assurez-vous qu'elles répondent aux spécifications de votre appareil. La plupart des réservoirs affichent un tableau d'information mentionnant sa résistance à la pression, son voltage et le wattage des éléments chauffants.

De nombreux problèmes peuvent être évités en procédant à l'entretien annuel du chauffe-eau. Purgez le réservoir une fois par année et testez la soupape de sûreté. Réglez le thermostat à la température la plus basse pour ne pas endommager le réservoir. (Note : la température de l'eau peut affecter le rendement du lave-vaisselle. Suivez les recommandations du fabricant.) Généralement, les chauffe-eau durent environ dix ans. Cependant, s'ils sont entretenus régulièrement, ils peuvent durer plus de 20 ans.

Ne couvrez jamais un chauffe-eau au gaz, car l'isolant pourrait nuire à la circulation d'air et empêcher une ventilation adéquate. D'ailleurs, plusieurs manufacturiers interdisent l'installation de couvertures isolantes. Pour économiser l'énergie, isolez les tuyaux d'eau chaude en employant les matériaux adéquats.

La soupape de sûreté est un dispositif de sécurité important qui doit être testé chaque année et remplacé au besoin. Avant de la remplacer, coupez l'eau et drainez le réservoir de plusieurs gallons.

PROBLÈMES	SOLUTIONS
Pas ou trop peu d'eau chaude	1 **Chauffe-eau au gaz :** assurez-vous que le gaz soit ouvert et rallumez la flamme témoin. **Chauffe-eau électrique :** assurez-vous qu'il y a du courant et réenclenchez le thermostat. 2 Purgez le réservoir afin d'éliminer les dépôts. 3 Isolez les tuyaux pour réduire les pertes d'énergie. 4 **Gaz :** nettoyez le brûleur et remplacez le thermocouple. **Électricité :** remplacez l'élément chauffant ou le thermostat. 5 Ajustez le thermostat.
La soupape de sûreté fuit	1 Abaissez le degré de température. 2 Installez une nouvelle soupape.
La flamme témoin ne reste pas allumée	Nettoyez le brûleur et remplacez le thermocouple.
Le réservoir fuit	Remplacez le chauffe-eau immédiatement.

Trucs pour l'entretien des chauffe-eau

Purgez annuellement le réservoir en drainant plusieurs gallons d'eau. Cette purge évacue les dépôts responsables de la corrosion et qui réduisent l'efficacité de l'appareil.

Testez annuellement la soupape de sûreté. Soulevez le levier et laissez-le se refermer ; la soupape devrait laisser un peu d'eau s'écouler dans le tuyau de vidange. Sinon, remplacez-la.

Abaissez le degré de température à 250 °C (120 °F) ; vous éviterez la surchauffe du réservoir et réduirez la consommation d'énergie.

Réparer un chauffe-eau au gaz

Si un chauffe eau au gaz ne produit pas d'eau chaude, enlevez les panneaux d'accès extérieur et intérieur et assurez-vous que la flamme témoin soit allumée. Lorsque le chauffe-eau est en marche, les panneaux d'accès doivent être en place pour empêcher la flamme témoin de s'éteindre.

Si le témoin refuse de s'allumer, le thermocouple devra probablement être remplacé. Ce dispositif coupe l'arrivée du gaz des que le témoin s'éteint. Constitué d'un fil de cuivre, il relie le brûleur à la boîte de contrôle. Il ne coûte pas cher et il se remplace en quelques minutes.

Si le brûleur ne s'allume pas, même si le témoin fonctionne, ou si la flamme est jaunâtre et fume, les tubes d'amenée du gaz au témoin et au brûleur doivent être nettoyés. Nettoyez annuellement le brûleur et les tubes afin d'assurer le bon fonctionnement de l'appareil et augmenter sa durée.

Un chauffe-eau au gaz doit être bien ventilé. Si vous sentez une odeur de fumée ou des émanations provenant du chauffe-eau, fermez-le et vérifiez si la cheminée n'est pas bouchée. Une cheminée rouillée doit être remplacée.

N'oubliez pas de couper l'arrivée du gaz avant d'entreprendre les travaux.

CE DONT VOUS AVEZ BESOIN :

Outils : clé à molette, aspirateur, pince à long bec.

Matériaux : petite broche, thermocouple de remplacement.

Nettoyer un brûleur et remplacer le thermocouple

1 Coupez l'arrivée du gaz en fermant le robinet sur la boîte de contrôle. Attendez une dizaine de minutes, le temps pour que le gaz se dissipe.

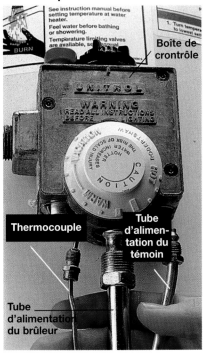

2 Débranchez les tubes d'alimentation du témoin et du brûleur, ainsi que le thermocouple de la boîte de contrôle, à l'aide d'une clé à molette.

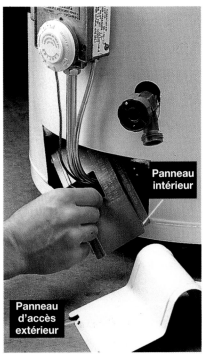

3 Enlevez les panneaux d'accès a la chambre de combustion.

4 Tirez délicatement sur les tubes et le thermocouple pour les dégager de la boîte de contrôle. Inclinez le brûleur lorsque vous le passerez dans l'ouverture.

Ouvertures du brûleur

Raccord

Brûleur

Tube d'alimentation

Petite ouverture

5 Séparez, en le dévissant, le brûleur du tube d'alimentation. Nettoyez l'ouverture du raccord avec une broche mince. Passez l'aspirateur sur le brûleur et dans la chambre de combustion.

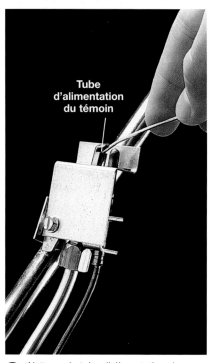

Tube d'alimentation du témoin

6 Nettoyez le tube d'alimentation du témoin avec un bout de broche. A l'aide d'un aspirateur, aspirez les saletés. Vissez le brûleur au raccord.

Support du thermocouple

Pointe du thermocouple

7 Débranchez le vieux thermocouple du support et installez le nouveau en enfonçant la pointe jusqu'à ce qu'elle s'enclenche.

Support

Languette

8 Entrez le brûleur dans la chambre de combustion. La languette plate, située à l'extrémité du brûleur, doit entrer dans la fente du support.

Tube d'alimentation du brûleur

Tube d'alimentation du témoin

Thermocouple

9 Rebranchez les tubes et le thermocouple à la boîte de contrôle. Ouvrez le gaz et vérifiez s'il y des fuites. S'il n'y en a pas, allumez le témoin.

Flamme témoin

Pointe du thermocouple

10 Assurez vous que la flamme témoin entoure la pointe du thermocouple. Au besoin, ajustez-la avec une pince à long bec. Replacez les panneaux d'accès.

Le chauffe-eau comporte un ou deux éléments chauffants installés sur le côté de l'appareil. Chacun d'eux est branché à son propre thermostat. Si vous devez remplacer un élément ou un thermostat, assurez-vous qu'il ait les mêmes caractéristiques que l'ancien. Ces informations sont inscrites sur la plaque d'identité du chauffe-eau.

Réparer un chauffe-eau électrique

Un problème fréquent de ce type de chauffe-eau, est celui de l'élément qui brûle. Plusieurs appareils comportent deux éléments. Pour déterminer lequel est défectueux, ouvrez un robinet d'eau chaude. Si le chauffe-eau produit de l'eau tiède, remplacez l'élément du haut. S'il produit une petite quantité d'eau très chaude suivie d'eau froide, remplacez l'élément du bas.

Si le remplacement des éléments ne résout pas le problème, il faudra remplacer le thermostat. Ces pièces sont situées derrière les panneaux d'accès, sur la paroi du réservoir.

N'oubliez pas de couper l'électricité et de vous assurer qu'il n'y a plus de courant avant de toucher aux fils.

CE DONT VOUS AVEZ BESOIN :

Outils : tournevis, gants, vérificateur de circuit, pince multiprise.

Matériaux : ruban-cache, éléments de rechange et thermostat, joint d'étanchéité, composé pour tuyaux.

Remplacer un thermostat électrique

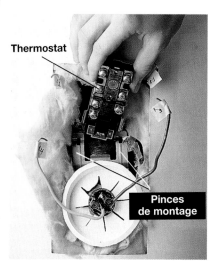

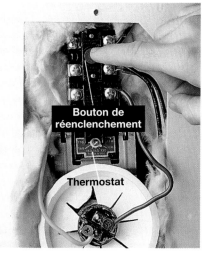

1 Coupez le courant du tableau de distribution. Enlevez le panneau d'accès sur la paroi du réservoir et vérifier si le courant est bien coupé.

2 Débranchez les fils du thermostat et identifiez-les avec du ruban-cache. Retirez le thermostat et placez le nouveau. Rebranchez les fils.

3 Appuyez sur le bouton de réenclenchement et réglez la température à l'aide d'un tournevis. Replacez l'isolant et le panneau d'accès. Remettez le courant.

Remplacer un élément chauffant

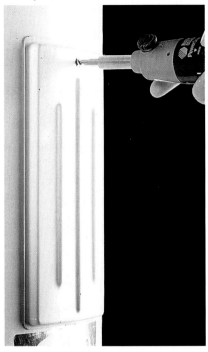

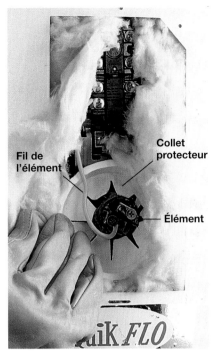

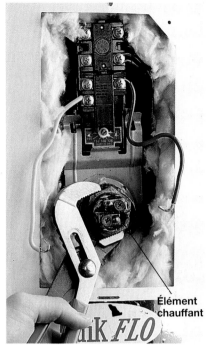

1 Retirez le panneau d'accès sur la paroi du réservoir. Coupez le courant. Fermez la valve d'arrêt et purgez le réservoir.

2 Portez des gants lorsque vous tassez l'isolant. Assurez-vous qu'il n'y a plus de courant avant de débrancher les fils de l'élément. Retirez le collet protecteur.

3 Dévissez l'élément avec une pince multiprise. Enlevez le joint d'étanchéité autour de l'ouverture. Enduisez les deux côtés du nouveau joint de mastic à joints.

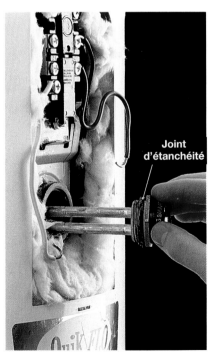

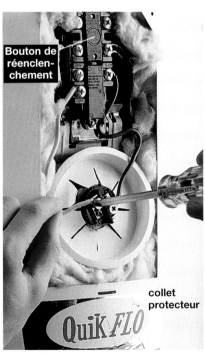

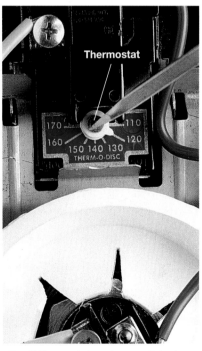

4 Glissez et vissez le nouveau joint sur l'élément. Resserrez-le avec une pince multiprise.

5 Replacez le collet et branchez tous les fils. Ouvrez les robinets d'eau chaude de la maison, ainsi que la valve d'arrêt du chauffe-eau. Lorsque le débit est régulier, fermez les robinets.

6 Utilisez un tournevis pour régler le degré de température. Appuyez sur le bouton de réenclenchement Remettez l'isolant en place et posez le panneau d'accès.

Remplacer
un chauffe-eau

Un chauffe-eau qui fuit doit être remplacé immédiatement pour éviter une inondation, pouvant parfois être désastreuse et coûteuse. Généralement, la source du problème est la formation de rouille dans le réservoir intérieur.

Lorsque vous remplacez un chauffe-eau électrique, assurez-vous que le voltage sera le même que celui de l'ancien. Pour un chauffe-eau au gaz, il faut prévoir un dégagement d'au moins 6" tout autour pour permettre la circulation d'air. Les formats varient de 30 à 65 gallons, mais un chauffe-eau de 40 gallons conviendra à une famille de quatre personnes.

Les chauffe-eau enveloppés de mousse de polyuréthanne sont un peu plus chers, mais ils durent plus longtemps que les autres. Ils sont souvent assortis d'une garantie prolongée. Certains offriront deux tiges anodisées, assurant ainsi une meilleure protection contre la corrosion.

La soupape de sûreté doit être du calibre exigé par le nouvel appareil.

CE DONT VOUS AVEZ BESOIN :

Outils : clés à tuyaux, scie à métaux, tournevis, marteau, chariot, niveau à bulle, brosse métallique, clé à molette, vérificateur de ligne.

Matériaux : cales de bois, vis à métal n°4 de 3/4", soupape de sûreté, adaptateurs de métal filetés, deux embouts, ruban de Teflon™, conduites d'eau flexibles, mastic à joints, éponge, ruban-cache.

La plaque d'identité du chauffe-eau indique la capacité du réservoir, l'indice d'isolation ainsi que la pression permise (livres au pouce carré). Un indice d'isolation d'au moins R-7 est préférable. La plaque indique également le voltage et le wattage des éléments et des thermostats. Les chauffe-eau électriques comportent aussi une étiquette qui indique la consommation énergétique annuelle moyenne.

Remplacer un chauffe-eau au gaz

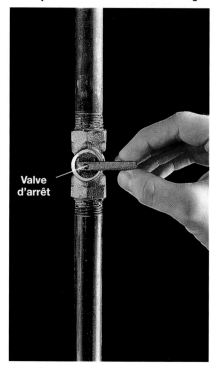

1 Coupez le gaz en amenant la manette perpendiculairement au conduit. Attendez une dizaine de minutes que les gaz se dissipent. Coupez l'alimentation d'eau.

2 Débranchez le conduit au raccord en utilisant des clés à tuyau. Mettez de côté les tuyaux et les raccords.

3 Drainez le réservoir à eau chaude en ouvrant le robinet qui se trouve sur le côté de l'appareil.

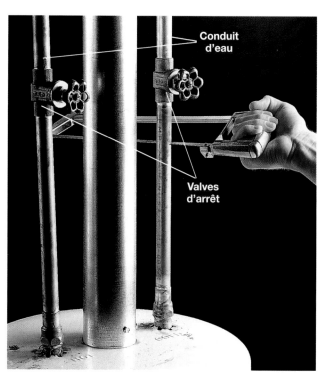

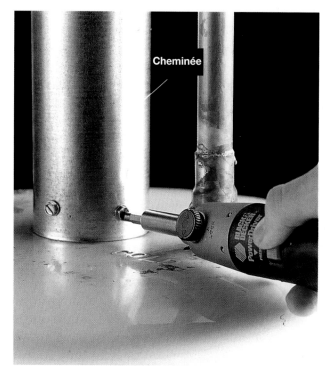

4 Défaites les conduites d'eau chaude et d'eau froide se trouvant au-dessus du chauffe-eau. Si elles sont en cuivre soudé, utilisez une scie à métaux pour les sectionner sous les valves d'arrêt.

5 Démontez la cheminée en retirant les vis de retenue. Déplacez le chauffe-eau avec un chariot.

Remplacer un chauffe-eau au gaz (suite)

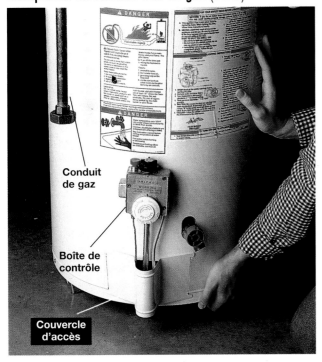

Conduit de gaz

Boîte de contrôle

Couvercle d'accès

6 Disposez le nouvel appareil de façon à ce que la boîte de contrôle se trouve près du conduit de gaz et que le couvercle ne soit pas obstrué.

7 Mettez l'appareil de niveau avec des cales de bois.

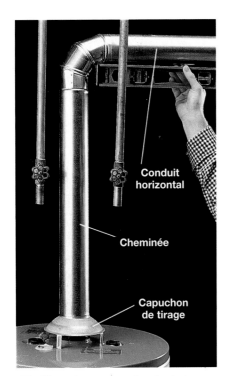

Conduit horizontal

Cheminée

Capuchon de tirage

8 Placez le capuchon dans les fentes prévues à cet effet et emboîtez la cheminée. Le conduit horizontal doit avoir une pente ascendante de 1/4" par pied afin d'empêcher le retour des gaz dans la maison .

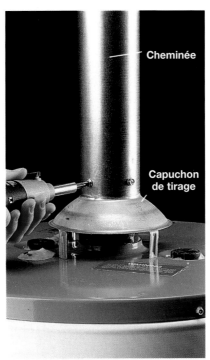

Cheminée

Capuchon de tirage

9 Fixez le capuchon à la cheminée avec des vis à métal n°4 de 3/8", tous les quatre pouces.

Ruban de Teflon™

10 Enrubannez de Teflon™ le filetage de la soupape de sûreté et vissez-la en place avec une clé à tuyau.

116

Adaptateur mâle fileté

Tuyau de vidange

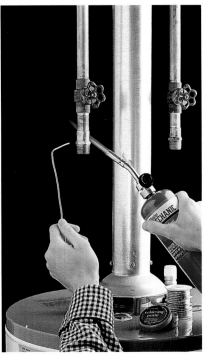

11 Fxez un tuyau de vidange en cuivre ou en CPV à la soupape, à l'aide d'un adaptateur mâle fileté. Le tuyau doit descendre à 3" du sol.

12 Soudez des adaptateurs mâles aux conduites d'eau. Laissez-les refroidir et enrobez le filetage de ruban de Teflon™.

13 Enroulez du ruban de Teflon™ autour des embouts isolés. Ces embouts ont un code de couleur et ils sont pourvus de flèches indiquant la direction de la circulation d'eau.

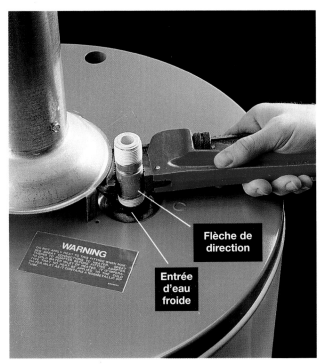

Flèche de direction

WARNING

Entrée d'eau froide

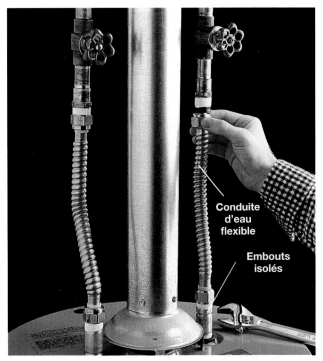

Conduite d'eau flexible

Embouts isolés

14 Fixez l'embout au code bleu à l'entrée d'eau froide et le rouge à la sortie d'eau chaude, en vous servant d'une clé à tuyau. Pour l'eau froide, la flèche doit pointer vers le bas tandis qu'à la sortie de l'eau chaude, la flèche pointera vers le haut.

15 Branchez les conduites d'eau aux embouts avec du tuyau flexible. Serrez-les avec une clé à molette.

Remplacer un chauffe-eau au gaz (suite)

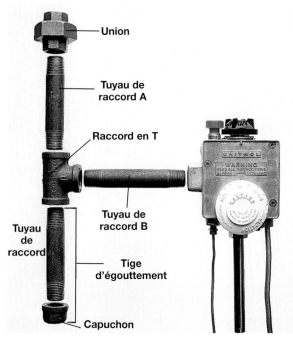

Union

Tuyau de raccord A

Raccord en T

Tuyau de raccord B

Tuyau de raccord

Tige d'égouttement

Capuchon

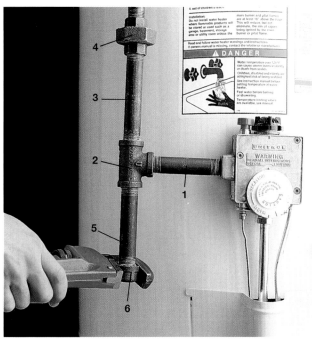

4
3
2
1
5
6

16 Faites un assemblage d'essai des conduites de gaz de l'ancien chauffe-eau. De nouveaux tuyaux de raccord (A, B) seront nécessaires si le chauffe-eau est d'un format différent. Utilisez des tuyaux d'acier noir et non galvanisé pour les conduites de gaz. Le tuyau à capuchon sert de réservoir d'égouttement pour recueillir les saletés.

17 Nettoyez tous les bouts filetés avec une brosse métallique et enduisez les de mastic à joints. Assemblez les conduites de gaz dans l'ordre suivant : un tuyau de raccord à la boîte de contrôle (1), le raccord en T (2), le tuyau vertical (3), l'union (4), le tuyau vertical (5) et enfin, le capuchon (6). L'acier noir s'assemble de la même façon que l'acier galvanisé.

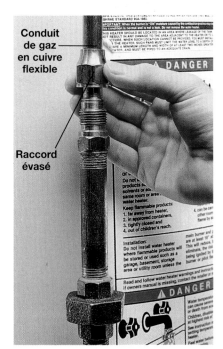

Conduit de gaz en cuivre flexible

Raccord évasé

Alternative : si le conduit de gaz est en cuivre flexible, utilisez un raccord évasé pour brancher le conduit au chauffe-eau

18 Ouvrez tous les robinets d'eau chaude de la maison. Ensuite, ouvrez les valves d'arrêt d'entrée et de sortie du chauffe-eau. Lorsque le débit est régulier, fermez les robinets.

19 Ouvrez la valve d'arrêt du gaz (étape-1) Vérifiez s'il y a des fuites en mouillant les raccords d'eau savonneuse; les fuites provoqueront des bulles. Resserrez les raccords avec une clé à tuyau.

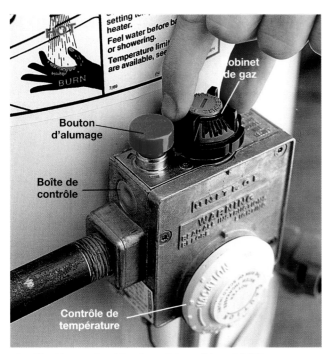

20 Tournez le robinet à gaz à la position «PILOT» et choisissez la température désirée.

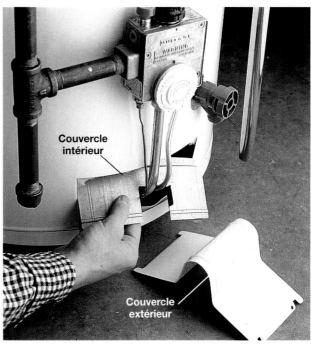

21 Retirez les deux couvercles pour avoir accès à la chambre de combustion.

22 Amenez la flamme d'une allumette devant le tube d'alimentation du témoin à l'intérieur de la chambre de combustion.

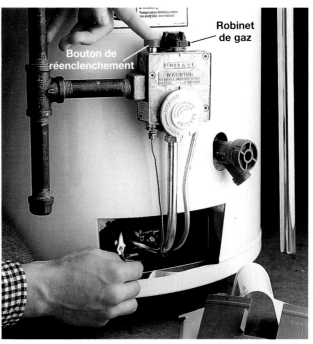

23 En tenant la flamme devant le tube d'alimentation du témoin, appuyez sur le bouton de réenclenchement qui se trouve sur la boîte de contrôle. Quand la flamme du tube d'alimentation du témoin s'allume, maintenez la pression sur le bouton durant une minute. Tournez le robinet à la position ON et replacez les couvercles.

Remplacer un chauffe-eau électrique

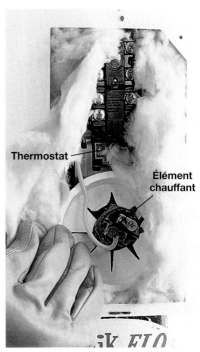

1 Coupez l'alimentation électrique du chauffe-eau au tableau de distribution en retirant le fusible ou en actionnant le coupe-circuit. Purgez le chauffe-eau et débranchez les conduites d'eau.

2 Retirez une des plaques d'accès à l'élément sur le côté du chauffe-eau.

3 En portant des gants protecteurs, écartez l'isolant du thermostat. Attention : ne touchez pas aux fils avant de vérifier s'il y a du courant.

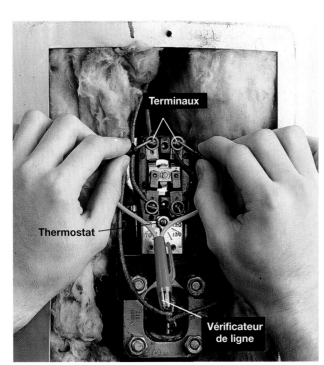

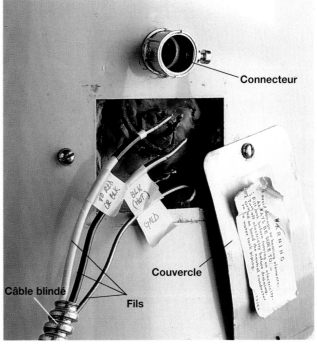

4 Vérifiez s'il y a du courant en utilisant un vérificateur de ligne sur les terminaux supérieurs. S'il s'allume, coupez le courant au disjoncteur principal et vérifiez de nouveau.

5 Retirez le couvercle de la boîte électrique du chauffe-eau. Débranchez tous les fils et identifiez-les avec un bout de ruban-cache. Desserrez le connecteur et tirez les fils. Placez le nouveau chauffe-eau.

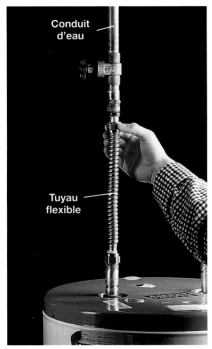

Conduit d'eau

Tuyau flexible

6 Branchez les conduites d'eau et la soupape de sûreté. Ouvrez tous les robinets d'eau chaude de la maison et ouvrez l'eau. Quand le débit est régulier, fermez les robinets.

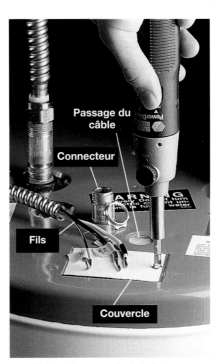

Passage du câble

Connecteur

Fils

Couvercle

7 Enlevez le couvercle de la boîte électrique du chauffe-eau. Passez les fils à travers le connecteur et dans le passage du chauffe-eau. Fixez le connecteur.

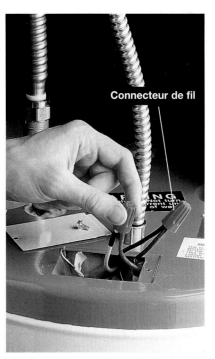

Connecteur de fil

8 Branchez ensemble les fils du circuit à ceux du chauffe-eau à l'aide de connecteurs.

Vis de mise à la terre

Fil de mise à la terre

9 Branchez le fil de cuivre dénudé ou le fil vert à la vis de mise à la terre. Replacez le couvercle.

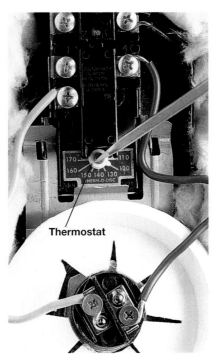

Thermostat

10 Retirez les couvercles sur le côté du chauffe-eau et réglez les thermostats avec un tournevis.

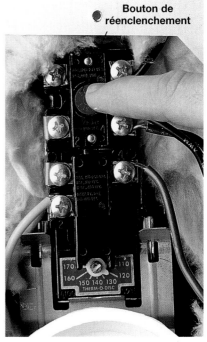

Bouton de réenclenchement

11 Pressez le bouton de réenclenchement des thermostats, replacez l'isolant et remettez le courant.

Réparer des tuyaux éclatés ou gelés

Quand un tuyau éclate, coupez immédiatement l'alimentation d'eau à la valve principale. Faites une réparation temporaire avec une bride de tuyau (page suivante).

Généralement, l'éclatement des tuyaux est provoqué par l'eau qui gèle. Pour prévenir l'éclatement, isolez les tuyaux qui courent dans les endroits non chauffés ou difficiles d'accès.

Les tuyaux qui gèlent, mais qui n'éclatent pas, empêcheront l'eau de se rendre aux robinets ou aux appareils. Les tuyaux se dégèlent facilement, mais localiser l'obstruction est souvent difficile. Ouvrez les valves et les robinets qui ne coulent pas. Trouvez le tuyau qui les alimente et vérifiez-le aux endroits susceptibles de geler. Chauffez le tuyau avec un fusil à chaleur ou un séchoir à cheveux.

Les vieux raccords et les tuyaux corrodés peuvent fuir ou éclater. Réparez-les ou remplacez-les.

Commencez les réparations d'urgence en fermant la valve d'entrée principale.

CE DONT VOUS AVEZ BESOIN :

Outil : fusil à chaleur ou séchoir à cheveux, gants, lime à métal, tournevis.
Matériaux : isolant à tuyaux, bride de tuyau.

Réparer des tuyaux obstrués par la glace

1 Chauffez les tuyaux avec un fusil à chaleur ou un séchoir à cheveux. Réglez la température du fusil au plus bas pour ne pas surchauffer le tuyau.

2 Laissez refroidir les tuyaux et isolez-les avec des manchons de mousse. Faites-le surtout aux endroits non chauffés et difficiles d'accès.

Variante : isolez les tuyaux avec une languette d'isolant de fibre de verre et une enveloppe étanche. Ne serrez pas trop l'isolant ; vous obtiendrez de meilleurs résultats.

Faire une réparation temporaire sur un tuyau crevé

1 Coupez l'arrivée d'eau à la valve principale. Chauffez délicatement le tuyau avec un fusil ou un séchoir à cheveux, en le déplaçant constamment. Ensuite, laissez le tuyau s'égoutter.

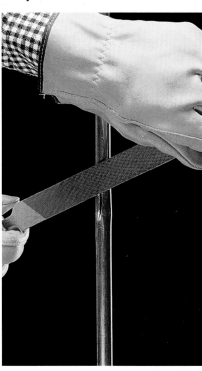

2 Adoucissez les rebords avec une lime à métal.

3 Placez la pièce de caoutchouc de la bride de tuyau autour de celui-ci. Assurez-vous que le joint du caoutchouc se trouve du côté opposé à celui du point de rupture.

4 Placez les pièces de la bride autour du caoutchouc.

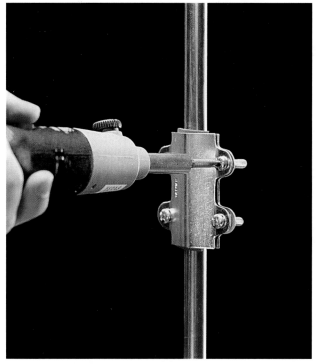

5 Boulonnez la bride. Ouvrez l'eau et vérifiez les fuites possibles. Si la bride fuit, resserrez-la. **Attention : les brides servent aux réparations temporaires seulement.** Remplacez la section endommagée du tuyau le plus tôt possible.

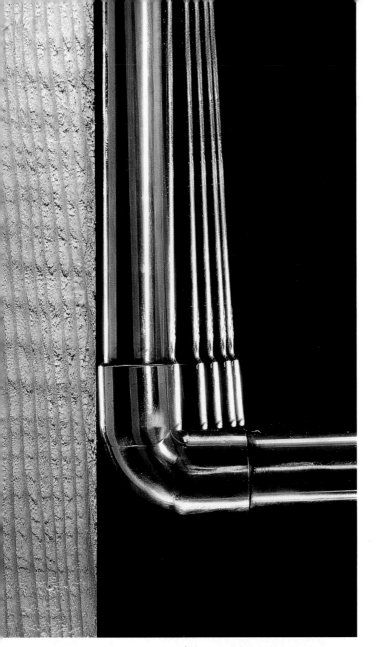

Assourdir les bruits dans la tuyauterie

Un martèlement peut se faire entendre dans les tuyaux, lorsqu'on ferme brusquement un robinet ou les valves des lessiveuses ou d'autres appareils. L'arrêt brusque du débit d'eau crée une onde de choc qu'on appelle «le coup de bélier» et qui se transmet dans tout le système de plomberie. Certains tuyaux peuvent alors frapper bruyamment des montants ou des solives.

Pour faire cesser les coups, installez des colonnes d'air. Elles sont constituées tout simplement d'une longueur de tuyau vertical faisant office de coussin d'air, qui absorbe l'onde de choc. Il est possible que vous deviez installer plusieurs colonnes d'air pour faire cesser le bruit complètement.

Avec le temps, l'air loge dans la colonne se dissipera dans l'eau. Pour remettre de l'air dans les colonnes, drainer la tuyauterie. Lorsque le système se remplira, l'air reprendra sa place.

Les tuyaux qui frappent les montants et les solives peuvent être coussinés avec de l'isolant à tuyaux. Assurez-vous que les supports des tuyaux soient bien fixés et que les tuyaux seront bien appuyés.

CE DONT VOUS AVEZ BESOIN :

Outils : couteau, scie alternative ou à métaux, chalumeau au propane, clés à tuyaux pour l'acier galvanisé.

Matériaux : isolant à tuyaux, tuyau et raccords (au besoin).

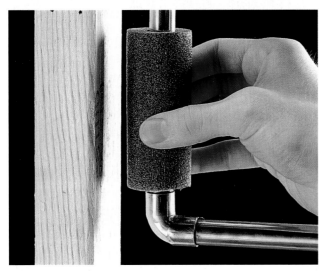

Installez des coussins d'isolant à tuyaux pour absorber les coups contre les montants ou les solives.

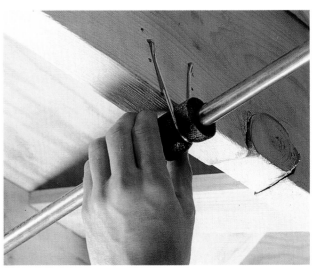

Les tuyaux lâches peuvent frotter contre les supports des tuyaux. Dans ce cas, utilisez du caoutchouc mousse pour assourdir les bruits.

Installer une colonne d'air

1 Coupez l'alimentation d'eau et drainez les tuyaux. Mesurez et coupez une section de tuyau pour installer un raccord en T.

2 Installez le raccord en T, la pointe vers le haut. Utilisez les techniques habituelles pour souder l'ensemble.

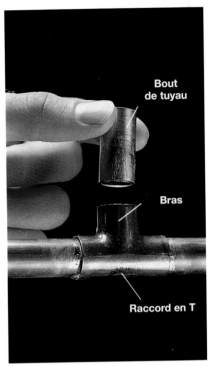

3 Installez un bout de tuyau dans le raccord. Cette pièce est nécessaire pour fixer un réducteur.

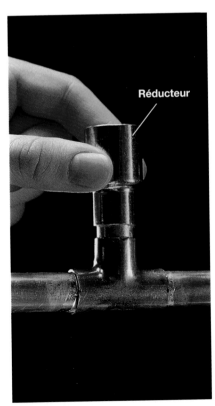

4 Installez un raccord réducteur ; il permettra à la colonne d'air d'avoir un diamètre supérieur à celui du conduit d'alimentation.

5 Installez un tuyau de 12" de longueur pour former la colonne d'air.

6 Ajoutez un capuchon sur la colonne et ouvrez l'eau.

Index

A

ABS 14, 31, 32, 44
  raccord 16
Acier galvanisé 8, 14, 38, 39
  raccord 16, 17
Adaptateur...........................16, 30
  de plastique 17
  eau chaude 17
Aérateur 47, 48
  Remplacer 66
Alésoir 20, 21
Appel d'air...............................9
Apprêt...........................32, 33, 35

B

Bague 17
  coulissante 17
  d'entrée.................................58
  de compression 31
  de retenue.......................52, 53
  de serrage.............17, 26, 27, 31
  de support 21
Bain 8, 98
  plomberie 98, 99
Bec 48
  d'expansion..........................12
  de robinet 48, 50, 52
  remplacer 103
Bouchon à ressort.....................93
Bouchon de regard
  remplacer 97
Bouchon-plongeur
  nettoyer 93
Bride 30

C

cabinet 8, 12
  ajustement 74
  anneau de cire 81, 83
  déboucher.............................90
  fonctionnement 72
  problèmes et solutions 75
came 50, 51
Caoutchouc............................63
  débouchoir............................12
chalumeau 20
  au propane 12, 13
Chauffe-eau
  entretien 109
  problèmes et solutions 114, 121
  réparer 108, 113
Chauffe-eau au gaz
  remplacer 115
  réparer 110, 111
Chauffe-eau électrique
  réparer 112, 113
  remplacer 114
cintreuse 19, 65
ciseau à froid 10
clé
  à cliquet 10
  à douille sans fil 13
  à écrou 12
  à molette 11
  à siège 49, 54, 57
  à tuyau 12, 13
  coudée 49, 60-63
  hexagonale 50
Code
de plomberie 8, 14, 15, 18, 28, 30
Collecteur

  déboucher...........................96, 97
Colonne d'air
  installer................................125
Composé à joint 19
Conduits
  acier tressé 61
  cuivre 61
  d'alimentation 8, 15
  de gaz 15, 28
  de renvoi...............................15
  vinyle 61
Coude 16
Coupe 32
  coupe-fonte............................15
  coupe-tube............................15
  coupe-tuyau 12, 15
  des plastiques.....................32, 33
  du cuivre...............................21
Couteau à araser 10
Couteau à mastiquer 19
CPVC 23, 30, 31
  raccord 16, 31, 32
CSA/ACNOR 19, 31
Cuivre 18
  chromé 14, 61
  conduits de 61
  couper le........................20, 21
  et acier 17
  et plastique 17
  flexible 14, 19, 20
  outils pour le 19
  raccord....12, 14, 16, 27, 28, 30, 31
  rigide 14, 20
  souder le 20, 22, 64, 65
  tuyau de 8, 9, 12
  vis de 55

Cuvette
  réparer 80

D
Débouchoir 12
  de cuvettes 12
  manuel 12
  motorisé 13
Décapant...................................22
Dégorgeoir 88, 89
Diaphragme 55
Douche 8, 98, 99
  boyau flexible 107
  plomberie 98
Douille.............................19, 32-37
Drain 9, 30, 84
DWV 9, 14, 16, 18, 42
  cuivre pour 18
  raccord pour 16

E
Ecrou 17
  à collet 26, 28
  coulissant......................17, 26, 27
  de blocage 61
  de garniture 55
  de montage.............................63
  de retenue.........................54, 56
  de serrage 57
Élément chauffant
  remplacer 113
Évaseur 19, 28
Évier 8

F
Fil à souder sans plomb 19
Fil de relais 30
Filet 24
Fonte.............................9, 14, 42
  couper la................................13
  pour drains 30
  raccord 17
  réparer la 43, 44
Fosse septique 17

G
Garniture.....................48, 51, 52
  de came 50
  de néoprène 59
  en ruban 55
Gaz 28
  conduits 15, 18, 28
Gicleur 47, 61
  réparer 66, 67
Gicleur à expansion 95
Graisse thermorésistante 50-52, 54

H
Huile pénétrante 49, 60, 61

J
Joint 20
  caoutchouc 63
  d'étanchéité............................30
  soudure 17, 24
  torique 48, 50, 51

L
Laiton 14, 24
  Chromé..................................14
Lampe de poche 10
Laveuse.....................................8
Lave-vaisselle 8
Lime 11

M
Maillet de bois 11
Manchon...........................17, 45
  caoutchouc 12
  néoprène................................17
  raccord 17
Manette à cartouche
  réparer 105
Manette de commande
  réparer 104, 105
Marteau à panne ronde 11
Mastic.........................49, 60, 63
  de plombier 49
Mélangeur.........................47, 48
Métal en feuille 20

N
Néoprène 17
Niveau à bulle 11

O
Outil à roder 49

P

Papier d'émeri 19
Pâte à souder 19
PB 14, 30-32, 61, 64
Perceuse
   à angle droit 13
   sans fil 13
Pince
   à long bec...............................11
   coupante 12
   muitiprise 11
Pistolet
   à air chaud 13
   calfeutrer...............................10
Plastique (tuyau) 30
Pomme de douche
   réparer 106
PVC 14, 16, 30-32, 44

R

Raccord...16
   acier galvanisé 38
   à collet 28, 29
   à manchon 17
   à pression..............................26
   à prise.................................17
   au plomb 42
   bimétallique 17
   collé 17
   comprimé 63
   cuivre 22
   de boyau...........................61, 63
   de renvoi...........................32, 33
   de serrage.............................31
   fileté 27, 28
   soudé 25
Raccordement 32
Réducteur 16
Renvoi 9
   assembler 87
   déboucher...........................85, 88
   réparer 87
Renvoi de baignoire
   réparer 92
Renvoi de douche
   déboucher..............................91
Renvoi de plancher
   déboucher..............................95
Ressort 50
   de valve 50, 51
Robinet...................................8, 20

à bille 51
à rondelle 55, 56
d'arrosage 68
de laiton 24
enlever 61
installer 62
réparer...............................100-103
Robinet antigel
   installer 71
Robinet d'arrêt
   ajustement 86
Robinet extérieur
   installer 70
   réparer 70
Robinet de baignoire
   réparer...............................102-103
Robinets encastrés
   enlever 103
Roder les sièges 57
Rondelle 17, 31, 54, 55, 56
   d'espacement 31
   de blocage 62, 63
   de caoutchouc 63
   de compression 37
   de serrage 37
   ensembles.............................55
Rouille 38
Ruban à mesurer...........................11
Ruban Teflon™ 17

S

Scie
   à métaux 10
   à onglets 13
   alternative 13
   sauteuse 15
Siège..17
   de valve 50, 51
du robinet 54
Siphon 9
   enlever 86
   nettoyer 86
Siphon collecteur
   nettoyer 94
Solvant 17
Soudure 20
Soupape d'entrée 72, 77
   à diaphragme 76
   à flotteur 76
   à flotteur coulissant 76
   installer..............................78

réparer 77
sans flotteur 76
Système
   d'alimentation 8
   d'égout 9

T

Tige
   à renversement 55
   assemblage.............................54
   de robinet 17, 26, 54, 55-57, 61-63
Tire-poignée 49
Thermostat
   remplacer 112
Torche au propane 20
Tournevis 11
Tuyau 8
   de cuivre 8, 26
   de plastique 8
   de plomb 9
   de renvoi 9
   flexible 28
   raccordement 28
Tuyau gelé
   réparer 122, 123
Tuyauterie
   bruit 124

V

Valve...17
   à siège 17
   d'arrêt 17, 61, 63, 64
Valve de dérivation
   réparer 67, 100
Valve de renvoi
   ajuster................................79
   installer 79
   nettoyer 79
Valves et robinets
   réparer 68, 69
   type...............................68, 69
Ventilation...............................9
Vérificateur de circuit 10
Vinyle 61
Vis de retenue...................50, 51, 58